环球网校

U0958338

真题部分

5套真题3套模拟
二建机电

建造师考试研究院　组编

机电

立信会计出版社
LIXIN ACCOUNTING PUBLISHING HOUSE

前　言

二级建造师是建筑类专业岗位的一种执业资格，是担任项目经理的前提条件。取得建造师执业资格证书并经过注册登记后，即获得二级建造师注册证书，注册后的建造师方可受聘执业。二级建造师执业资格考试实行全国统一大纲，各省、自治区、直辖市命题并组织考试的制度。

本套丛书根据考试科目共分为二建法规、二建管理、二建建筑、二建市政、二建机电、二建公路、二建水利七册，可供参加全国二级建造师执业资格考试的考生参考使用。

本套丛书特点如下：

真题详解，指点技巧，专家引导。本套丛书对近年来的真题进行详细讲解，向考生展示考试的重点和难点，总结历年考试的命题规律，帮助考生深刻领会命题人的出题意图，获得专家般的点拨。

临考押题，把握趋势，突破无忧。在真题详解的基础上，建造师考试研究院又精心编写了具有预测性质的模拟试卷，力图通过对考点的精准把握帮助考生进行考前“练兵”，达到事半功倍的复习效果。

扫码听课，名师讲解，快速提高。针对部分考试重难点，试卷配以环球网校录制的考试微课，考生可以通过扫码听课，在老师的带领下把握做题的思路和关键点，绕过命题人埋的“坑”，使备考达到事半功倍的效果。

本套试卷采用纸质题目，考生扫码登录小程序，即可查看试卷的答案解析。该小程序使用说明如下：

扫码电子答题。考生扫描试卷标题下方二维码，即可实现电子答题；答题完毕后，一键获取精准评分及错题标注，点击错题即可直观查看对应的解析内容，无须自行翻阅查找。

实战模考强化。考生扫描试卷目录页中的二维码，即可领取两套“全真机考模拟试卷”，实务操作和案例分析题的参考答案及解析可在该小程序首页“备考资料领取”中查看。

进入学习中心。考生点击该小程序首页“学习中心”，即可跳转直达“环球网校在线课堂”小程序来观看学习课程，无须单独收藏“环球网校在线课堂”小程序。

免费课程领取。考生点击该小程序首页“课程领取”，即可获得随书赠送课程。

免费题库领取。考生点击该小程序首页“题库领取”，即可获得环球网校赠送的海量题库。

备考资料领取。考生点击该小程序首页“备考资料领取”中的“更多”选项，即可获得考试大纲、思维导图、考前抢分必背手册等海量电子资料包（赠送电子资料包暂时无法下载打印，仅可在小程序内查阅）。

建造师考试研究院

2024 年全国二级建造师执业资格考试

机电工程管理与实务

[A 卷　6 月 2 日　9：00—11：30]

一、单项选择题（共 20 题，每题 1 分。每题的备选项中，只有 1 个最符合题意）

1. 下列施工现场环境管理规定中，属于环境保护措施的是（　　）。
   A. 材料库房保持干燥，清洁通风良好
   B. 施工通道要有必要的照明措施
   C. 机动车辆不得随意停放或侵占道路
   D. 有毒废弃物不得作为建筑垃圾外运

2. 下列材料管理工作内容中，属于材料使用要求的是（　　）。
   A. 分类存放　　B. 防止丢失
   C. 定额发料　　D. 进场验收

3. 机电工程试运行时，负责设备单机试运行的单位是（　　）。
   A. 施工单位　　B. 建设单位
   C. 生产厂家　　D. 监理单位

4. 下列文件中，属于机电工程项目运行管理记录的是（　　）。
   A. 压缩机单机试运转记录
   B. 供热管线隐蔽工程检查记录
   C. 锅炉安装工程质量验收记录
   D. 吸收式制冷机组日常维修记录

5. 下列降低施工成本的措施中，属于组织措施的是（　　）。
   A. 成本责任分解　　B. 控制人工费用
   C. 应用施工新技术　　D. 加强质量检验

6. 干式变压器安装后，紧固件及防松零件抽检的最小比例是（　　）。

A. 5%　　B. 10%

C. 50%　　D. 100%

7. 板厚为 1.0mm 的镀锌钢板风管与角钢法兰连接时，采用的是（　　）。

A. 连续焊接　　B. 咬口连接

C. 间断焊接　　D. 翻边铆接

8. 电梯自检运行合格后，负责电梯整机校验和调试的单位是（　　）。

A. 工程监理单位　　B. 电梯制造单位

C. 电梯安装单位　　D. 检验检测机构

9. 电力架空线路施工程序中，拉线安装的紧前工序是（　　）。

A. 测量　　B. 架线

C. 立杆　　D. 连线

10. 钢板制作的消防水箱进出水管采用的连接方式是（　　）。

A. 焊接连接　　B. 法兰连接

C. 螺纹连接　　D. 电热熔接

11. 室内埋地排水管道在隐蔽前必须做的试验是（　　）。

A. 严密性试验　　B. 灌水试验

C. 水压试验　　D. 通球试验

12. 对开式滑动轴承装配时，测量轴颈与轴瓦顶间隙的常用方法是（　　）。

A. 压铅法测量　　B. 千分表测量

C. 直尺测量　　D. 游标卡尺测量

13. 下列施工工艺中，用于除锈的是（　　）。

A. 脱脂处理　　B. 空气喷涂

C. 酸洗处理　　D. 钝化处理

14. 分包方编制的超过一定规模的危大方案，组织专家论证的单位是（　　）。

A. 建设单位　　B. 监理单位

C. 总包单位　　D. 分包单位

15. 轧机设置安装时，要求达到Ⅱ级安装精度的是（　　）。

A. 焊管轧机　　B. 平整机

C. 高速线材轧机　　D. 板带轧机

16. 确定可燃气体探测器安装位置的主要依据是（　　）。

A. 被测气体的闪点　　B. 被测气体的温度

C. 被测气体的密度　　D. 被测气体的浓度

17. 关于工业管道阀门处于关闭状态时，安装做法正确的是（　　）。

A. 与金属管道以焊接方式连接时的阀门

B. 与金属管道以法兰方式连接时的阀门

C. 与非金属管道以电熔连接时附近的阀门

D. 与非金属管道以热熔连接时附近的阀门

18. 锅炉锅筒集箱找正后，拆除临时固定装置的时机是（　　）。

A. 锅炉化学清洗前

B. 锅炉保温施工前

C. 锅炉水压试验前

D. 锅炉蒸汽吹管前

扫码听课

19. 金属拱顶罐底板铺设后，首先施焊的焊缝是（　　）。

A. 底板伸缩缝

B. 中幅板长焊缝

C. 中幅板短焊缝

D. 边缘板对接焊缝

20. 下列符合监控系统主要输入设备安装要求的是（　　）。

扫码听课

A. 涡轮式流量传感器应垂直安装

B. 水管型传感器开孔必须在管道保温之后进行

C. 风管型传感器安装应在风管保温层完成前进行

D. 电磁流量计应安装在流量调节阀的上游

二、多项选择题（共 10 题，每题 2 分，每题的备选项中，有 2 个或 2 个以上符合题意，至少有 1 个错项。错选，本题不得分；少选，所选的每个选项得 0.5 分）

21. 下列绝缘体材料中，属于无机绝缘材料的有（　　）。

A. 石棉　　B. 瓷器

C. 云母　　D. 树脂

E. 棉纱

22. 下列风机中，属于按排气压强不同分类的有（　　）。

扫码听课

A. 通风机　　B. 轴流风机

C. 鼓风机　　D. 罗茨风机

E. 压气机

23. 地下管道放线测设的主要工作内容包括（　　）。

扫码听课

A. 引测腰桩高程　　B. 槽口放线

C. 测设中线控制桩　　D. 恢复中线

E. 测设附属构筑物控制桩

24. 根据《风力发电工程施工与验收规范》（GB/T 51121—2015），当风速为 9m/s 时，可吊装的风电设备有（　　）。

A. 塔架　　B. 风轮

C. 机舱　　D. 叶片

E. 发电机

25. 下列电力设施中，纳入电力线路设备保护范围的有（　　）。

A. 变压器　　B. 互感器

C. 断路器　　　　　　　　　　　　　　　　D. 绝缘子
E. 隔离开关

26. 下列计量器具中，属于B类计量器具的有（　　）。
A. 直角尺　　　　　　　　　　　　　　　　B. 百分表
C. 经纬仪　　　　　　　　　　　　　　　　D. 万用表
E. 自准直仪

27. 下列焊接检验方法中，属于无损检测的有（　　）。
A. 渗透检测　　　　　　　　　　　　　　　B. 超声检测
C. 射线检测　　　　　　　　　　　　　　　D. 泄漏性试验
E. 耐压试验

28. 关于手拉葫芦使用的说法，正确的有（　　）。
A. 手拉葫芦的施力方向应在链轮平面上
B. 作业时操作者不得站在被吊物上面操作
C. 可将下吊钩回扣到起重链条上起吊重物
D. 不得将重物吊起后停留在空中而离开现场
E. 吊挂点的承载能力不得低于1.05倍额定载荷

29. 下列属于单体设备基础测量的有（　　）。
A. 基础划线
B. 基准点埋设
C. 高程测量
D. 中心标板埋设
E. 横截面测量

30. 下列选项中，属于焊缝破坏性检验方法的有（　　）。
A. 拉伸试验
B. 疲劳试验
C. 金相试验
D. 耐压试验
E. 泄漏试验

三、实务操作和案例分析题（共4题，每题20分）

（一）

背景资料：

某施工单位承接某综合交通枢纽项目的机电安装工程。工程内容包括建筑电气、建筑智能化、建筑给排水、通风与空调、消防、防雷接地等安装。施工单位根据建设单位要求编制单位工程施工进度计划，批准后进行了实施前交底。涉及的交底人员：项目负责人、计划人员、调度人员和作业班组人员及相关物资供应、安全质量管理人员。内容包括施工进度控制重点、各专业的衔接时间点、安全技术措施要领和质量目标。

项目部根据现场实际情况，通过对影响施工质量因素特性进行分析，编制母线槽安装质量方案，并在施工过程中加以实施。

室内配电低压母线槽与重力流雨水管交叉避让示意图如图 1-1 所示。

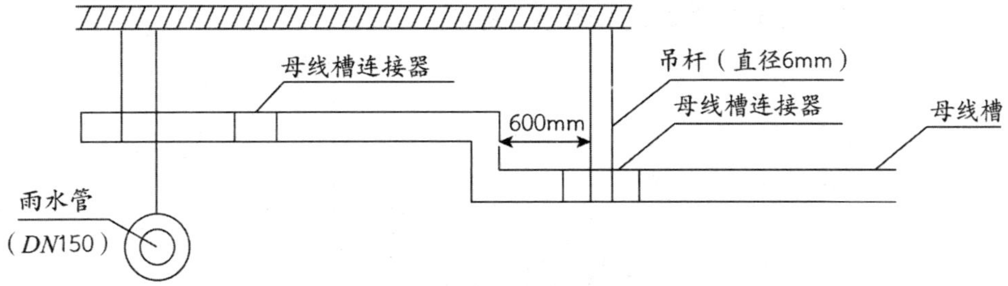

图 1-1　室内配电低压母线槽与重力流雨水管交叉避让示意图

问题：

1. 单位施工进度计划实施前，交底需补充什么内容？

2. 写出母线槽安装质量预控方案的主要内容。☆

注：此类加☆的题目，其知识点已删除，可略过学习。

3. 图中母线槽安装存在什么质量问题？怎样整改？

4. 母线槽通电试运行前做什么测试及试验合格的要求是什么？

（二）

背景资料：

某安装公司承接了某大学图书馆的消防安装工程，内容包含消防给水及消火栓系统、自动喷水灭火系统、高压细水雾灭火系统和火灾自动报警安装。该图书馆共三层，总建筑面积为 4 200m^2，高 14m，其中一、二层为阅览室，采用自动喷水灭火系统；三层为藏书室，采用高压细水雾灭火系统。工程开工前，项目部完成了施工组织设计及施工方案编制等技术准备工作，并由方案编制人员向施工人员进行了技术交底。交底时使用了大量的细部节点图，并对消防水泵接合器组装进行交底，如图 2-1 所示。

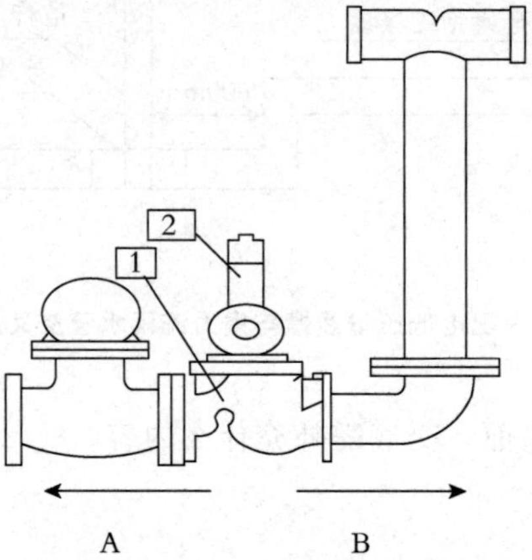

图 2-1　消防水泵接合器

工程开工后，监理单位在审查点型感烟火灾探测器进场报验资料时，发现缺少 3C 认证证书，经补充后通过验收。

工程完工后，建设单位组织设计单位、监理单位、施工单位进行了消防工程验收，涉及消防的各分部分项工程验收合格，并在验收合格之日起 5 个工作日内向消防设计审核部门办理了消防验收备案。

问题：

1. 施工方案交底应包含哪些内容？

2. 图中 1、2 号件的名称是什么？水流是流向 A 还是 B？

3. 点型感烟火灾探测器的进场报验资料还应有哪些？

4. 建设单位向消防主管部门办理验收备案的做法是否合规？为什么？

（三）

背景资料：

某安装公司承接一项柴油加氢装置压缩单元扩建工程。工程内容包括安装压缩机组、桥式起重机、工艺管道、电气自动化仪表等。

压缩机组由机身、中体、气缸、曲轴、活塞、中间冷却器、缓冲罐、管道等组成。属于压力容器的中间冷却器、缓冲罐安装在厂房一层，压缩机本体安装在厂房二层。压缩机组散件到货，单件最大重量 9.6t。

工程开工后，安装公司编制了压缩机组吊装运输专项施工方案，因厂房内检修用桥式起重机不能满足机组部件吊装要求，采用了在设备吊装上设置吊点，由卷扬机—滑轮组系统提升机组部件至二层平台，利用搬运小坦克配合手拉葫芦牵引设备部件至基础，再用千斤顶就位的起重运输工艺方法。

压缩机初步找正合格后，作业人员采用双表法进行联轴器对中找正。百分表安装后两轴同时转动，根据百分表读数计算轴向、径向偏差。联轴器找正示意图及轴向、径向偏差如图 3-1 所示。找正用百分表检定合格在有效期内。

压缩机组润滑系统油循环前，技术员在进行工艺检查时，发现系统油管路上漏装 1 支热电偶。在润滑系统油循环过程中，回油管视镜显示系统回油不畅，经分析处理后排除故障。

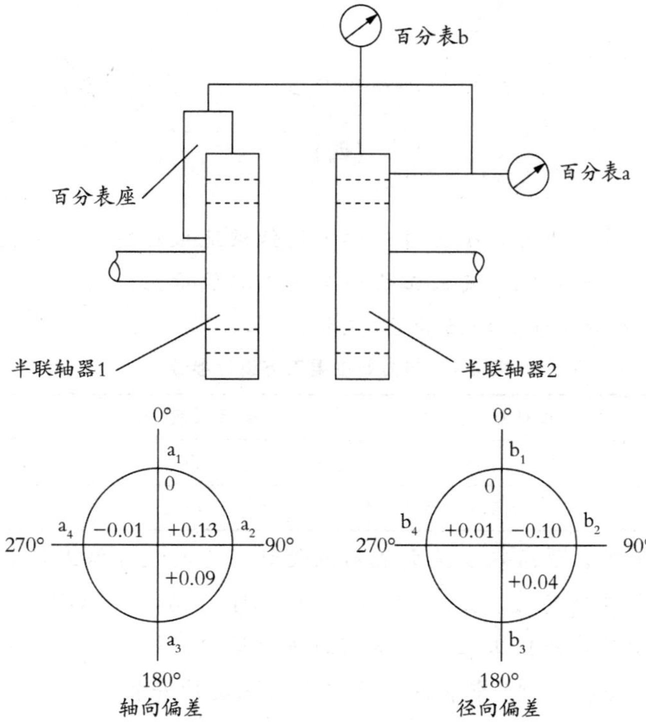

图 3-1 联轴器找正示意图及轴向、径向偏差（单位：mm）

问题：

1. 压缩机组的中间冷却器、缓冲罐安装是否需要办理施工告知？说明理由。

2. 压缩机组部件吊装运输是否属于超危大工程？说明理由。

3. 根据图 3-1 中的轴向、径向偏差分析百分表读数是否正常？说明理由。

4. 分析油循环时润滑油管道回油不畅的主要原因，应如何处理？

（四）

背景资料：

某住宅小区建设一座热力站，小区住宅楼采用低温地板辐射采暖系统供热，该热力站内的设备、管道、电气、台控系统等安装工程由某施工单位承担，该热力站主要工艺设计参数见表 4-1，管道均采用无缝钢管，材质为 20 号钢。

表 4-1　热力站主要工艺设计参数

设备	设计压力/MPa	供水温度/℃	回水温度/℃
一次网	1.6	120	60
二次网	1.6	45	35

热力站设计文件规定，管道在安装完成后以设计压力的 1.5 倍进行水压试验。项目部现有满足精度要求的量程分别为 0～2.5MPa、0～4.0MPa、0～6.0MPa 三种规格压力表。施工单位在机组安装完毕后，根据工程实际绘制的热力站内供热机组主要设备、工艺管道系统如图 4-1 所示。经审查发现图 4-1 中管件、压力表及温度计安装存在多处错误，要求整改。

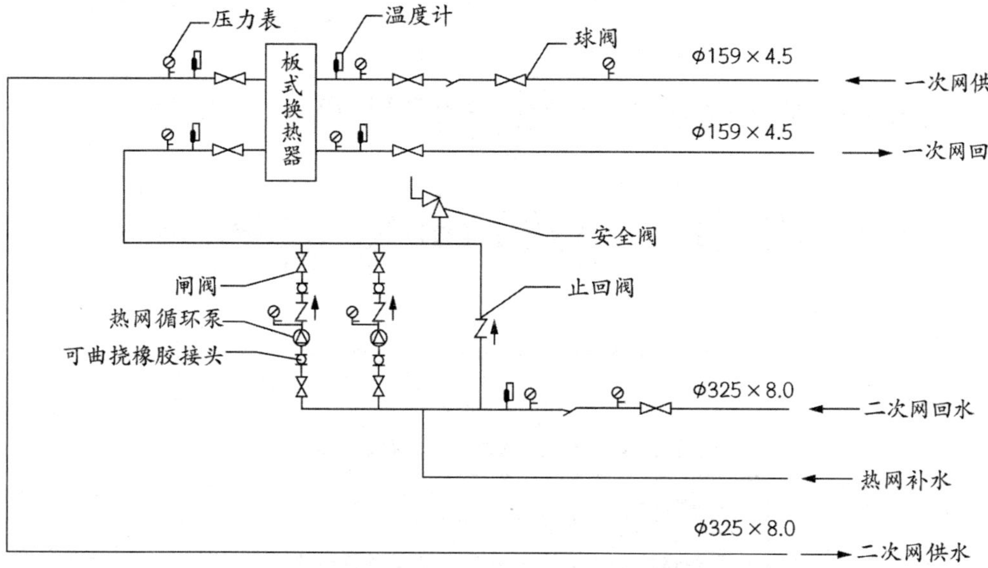

图 4-1 热力站内供热机组主要设备、工艺管道系统示意图

施工合同要求热力站必须在规定的供热时间投入正常运行，以保证居民的供暖。为确保热力站工程按工期完成，施工单位确定机电工程施工进度目标，建立目标控制体系，明确施工现场进度控制人员及其分工，落实各管理层进度控制任务和责任。

工程竣工后，施工单位向热力站工程的建设单位提交竣工资料时，建设单位要求施工单位应同时提交特种设备管理的有关技术资料，施工单位补齐相关资料。

问题：

1. 找出图中的错误之处并写出整改措施。

2. 根据一次网、二次网水压试验要求，判断项目部三种规格的压力表是否合适？

3. 补充完整施工单位工程进度控制的组织措施制度。

4. 建设单位要求施工单位提交特种设备管理资料是否合理？说明理由。

2023 年全国二级建造师执业资格考试

机电工程管理与实务

［6 月 4 日　9：00—12：00］

一、单项选择题（共 20 题，每题 1 分。每题的备选项中，只有 1 个最符合题意）

1. 关于二次回路通电检查的说法，正确的是（　　）。☆

 A. 测定二次回路的绝缘电阻合格

 B. 测定二次回路的交流电阻合格

 C. 二次回路的熔断器应全部取下

 D. 一次回路设备可带有运行电压

注：此类加☆的题目，其知识点已删除，可略过学习。

2. 关于设备零部件装配顺序的说法，正确的是（　　）。

 A. 从大到小、从简单到复杂

 B. 先零件、再组件、再部件

 C. 先辅机后主机进行总装配

 D. 先主要部件然后次要部件

3. 下列考察项目中，属于对拟选用的专业承包公司重点考察的是（　　）。

 A. 公司地址　　　　B. 公司荣誉

 C. 公司规模　　　　D. 公司业绩

4. 下列参数中，属于自动扶梯主要性能参数的是（　　）。☆

 A. 额定电流　　　　B. 额定功率

 C. 额定电压　　　　D. 额定速度

5. 下列文件中，可作为施工项目成本控制的依据的是（　　）。

 A. 结算报告　　　　B. 交底记录

 C. 供图计划　　　　D. 进度报告

6. 空调水系统管道中，需进行抽真空试验的是（　　）。

A. 冷却水管道　　B. 冷冻水管道

C. 制冷剂管道　　D. 冷凝水管道

7. 下列部件或组件中，属于光热发电系统设备的是（　　）。

A. 汇流箱　　B. 轮毂

C. 集热器　　D. 机舱

8. 敞口水箱满水试验时，静置观察时间最少为（　　）。

A. 2 小时　　B. 6 小时　　C. 12 小时　　D. 24 小时

9. 包含 90 个照明回路的控制系统调试检测时，抽检的最少回路数是（　　）。

A. 5 个　　B. 9 个

C. 10 个　　D. 13 个

10. 大型立式储罐施工方法中，高空作业最多的是（　　）。☆

A. 倒装法　　B. 正装法

C. 充气顶升法　　D. 水浮法

11. 关于管道吹扫与清洗的说法，正确的是（　　）。

A. 管道水冲洗流速不得低于 1.5m/s

B. 蒸汽管道吹扫合格后进行防腐绝热

C. 油管道油冲洗合格后方可进行酸洗

D. 空气吹扫压力为设计压力的 1.15 倍

12. 关于电磁流量计安装的说法，正确的是（　　）。

A. 电磁流量计应安装在流量调节阀的下游

B. 安装在垂直管道上时，流体的流向应自下而上

C. 电磁流量计上游应有 2～3 倍管径长度的直管段

D. 安装在水平管道时，测量电极位于管道正上方和正下方

13. 防腐涂料的产品质量证明文件中，不包含（　　）。

A. 产品质量合格证明文件

B. 涂料技术指标及检测方法

C. 基体表面处理和施工工艺

D. 检测报告或技术鉴定文件

14. 下列总承包方对专业分包方管理的说法中，正确的是（　　）。

A. 总承包方仅对分包工程的关键、特殊过程进行管理

B. 总承包方派代表对分包工程施工进行有效控制和记录

C. 因分包方责任造成重大事故的，总承包方可立即终止分包合同

D. 分包工程竣工验收后，总承包方不需对分包工程进行综合评价

15. 下列管理措施中，属于现场管理及施工作业人员行为管理的是（　　）。

A. 人员进入施工现场必须走安全通道

B. 施工通道处须设置必要的照明设施

C. 高度2m以上操作平台须安装护栏

D. 厂区人行道与主路间采取隔离措施

16. 关于母线槽安装的说法，正确的是（　　）。

A. 垂直安装时可以不设置弹簧支架

B. 每节母线槽的支架不应少于1个

C. 水平安装时圆钢吊架直径为6mm

D. 穿越楼板的孔洞可不设防火封堵

17. 下列调试项目中，属于气体灭火系统的是（　　）。

A. 模拟启动试验　　B. 模拟喷水试验

C. 模拟仿真试验　　D. 模拟喷泡沫试验

18. 桥式起重机动载试运转时，试验荷载应为额定起重量的（　　）。☆

A. 1.0倍　　B. 1.1倍

C. 1.2倍　　D. 1.25倍

19. 3月5日为进度款支付的最后一天，发包人未付款，承包人有权暂停施工的开始日期是（　　）。☆

A. 3月6日　　B. 3月12日

C. 3月13日　　D. 3月19日

20. 关于机电工程保修与回访的说法，正确的是（　　）。

A. 电气管线、给排水管道、设备安装工程的保修期为2年

B. 项目部应针对项目投产运行后的危险程度，编制回访计划

C. 按有关规定，工程保修期结束后施工单位方可进行工程回访

D. 回访中发现的施工质量问题，如已超出保修期也须迅速处理

二、多项选择题（共10题，每题2分，每题的备选项中，有2个或2个以上符合题意，至少有1个错项。错选，本题不得分；少选，所选的每个选项得0.5分）

21. 电动机按工作原理可分为（　　）。☆

A. 同步电动机

B. 鼠笼式感应电动机

C. 异步电动机

D. 绕线式感应电动机

E. 直流电动机

22. 桅杆起重机的动力—起升系统组件包括（　　）。

A. 跑绳　　B. 导向滑车

C. 地锚　　D. 起重滑车组

E. 卷扬机

23. 单体设备基础测量的工作内容包括（　　）。

A. 基础划线

B. 基准点埋设

C. 外形测量

D. 中心标板埋设

E. 高程测量

24. 焊接施工检查记录至少包括（　　）。☆

A. 焊接工艺检查记录

B. 焊工资格认可记录

C. 焊接工艺评定记录

D. 焊缝返修检查记录

E. 焊工安全教育记录

25. 下列计量器具中，列入国家强制检定目录的有（　　）。

A. 声级计　　B. 千分尺

C. 电能表　　D. 全站仪

E. 压力表

26. 下列非金属材料中，可用作绝热材料的有（　　）。

A. 沥青毡　　B. 超细玻璃棉

C. 环氧树脂　　D. 膨胀珍珠岩

E. 泡沫塑料

27. 关于临时用电工程施工及管理的说法，正确的有（　　）。

A. 临时用电工程必须由持证电工施工

B. 工程施工完成后由工程部组织验收

C. 临时用电施工组织设计应由电气技术人员编制

D. 须编制安全技术措施和电气防火措施

E. 技术档案由项目部质量员建立和管理

28. 设计文件需经特种设备安全监督管理部门核准的检验机构鉴定，方可用于制造的特种设备有（　　）。

A. 气瓶　　B. 客运索道

C. 锅炉　　D. 曳引电梯

E. 氧舱

29. 下列选项中，可作为钢结构工程检验批划分依据的有（　　）。☆

A. 材料种类　　B. 施工段

C. 施工工艺　　D. 变形缝

E. 空间刚度单元

30. 下列检验试验项目中，属于主控项目的有（　　）。☆

A. 管道压力试验

B. 风管严密性检验

C. 电气绝缘测试

D. 线槽垂直度检测

E. 接地电阻测试

三、实务操作和案例分析题（共 4 题，每题 20 分）

（一）

背景资料：

A 公司于 2020 年 8 月承接一学校体育馆的采暖工程，合同额为 650 万元。采暖热源由风冷热泵提供，供回水温度为 45/40℃，健身房、教研室等附属房间采用低温热水地板辐射供暖，比赛场馆、训练馆采用散热器供暖，供热管道采用铝塑复合管。

2020 年 11 月散热器进场，A 公司对其外观和金属热强度进行了检查和复验。2021 年 4 月，供暖系统安装完毕，A 公司依次对管道系统进行了水压试验、保温、试运行和调试，其中水压试验压力未在设计中注明，供暖管道系统水压试验系统图如图 1-1 所示。本工程于 2021 年 6 月顺利通过验收，经核算，项目实际成本为 513 万元，成本降低率达 5%。该供暖系统于 2021 年 10 月正式投入使用。

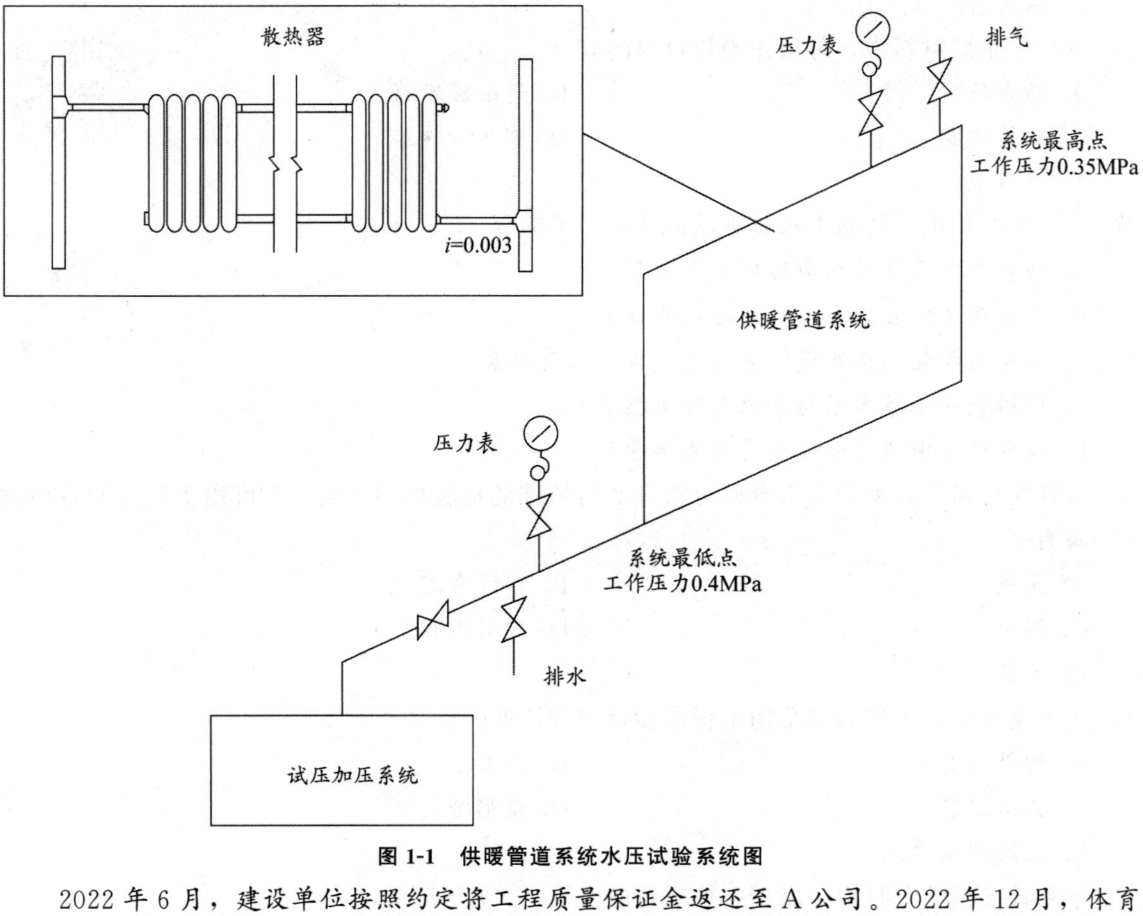

图 1-1 供暖管道系统水压试验系统图

2022 年 6 月，建设单位按照约定将工程质量保证金返还至 A 公司。2022 年 12 月，体育馆管理员反映部分散热器温度偏低，建设单位通知 A 公司进行检修，A 公司检查后发现由于施工质量问题造成部分管道出现气塞和堵塞现象，对这些管道进行了疏通和清理，并更换了部分散热器。

问题：

1. 本工程供暖管道的水压试验压力是多少？水压试验合格的判定标准是什么？

2. 本工程项目的计划成本和成本降低额分别是多少？

3. 指出A公司在采暖工程施工中可能导致部分散热器温度偏低的质量问题，并说明理由。

4. 供暖系统维修费用应由谁承担？说明理由。

（二）

背景资料：

B公司通过市场招投标方式承接一高档办公楼机电安装项目，工程内容包括建筑电气、建筑智能化、建筑给排水、通风与空调、消防、防雷接地等工程。项目开工后，B公司安排施工队与土建单位配合，进行电气预埋导管、水管预留洞、防雷接地等工程施工。

办公楼电气安装工程中，楼板内电气预埋导管采用 DN20、DN25 等非镀锌钢管进行施工，导管接头采用螺纹连接，接头两端焊接圆钢跨接地线，非镀锌钢管接头示意图如图 2-1 所示。导管敷设完成后，B公司通知专业监理工程师进行隐蔽工程验收，并拍照保存影像资料。隐蔽验收合格，B公司与土建单位办理中间交接手续。

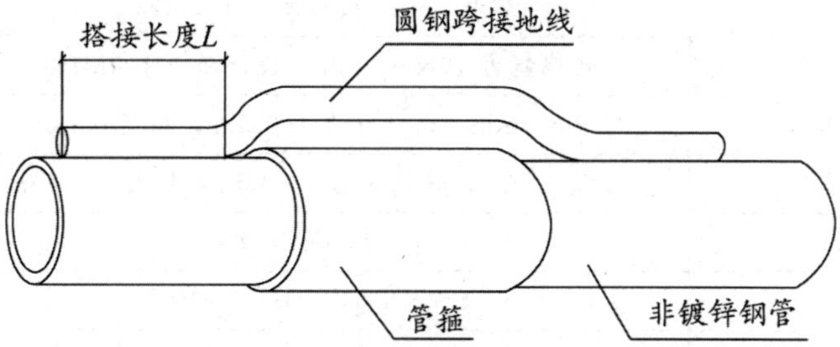

图 2-1　非镀锌钢管接头示意图

在穿线阶段，施工人员按施工方案要求进行施工，穿线的同时清理线盒内杂物，线盒内管口设置PVC电线护口，防止穿线过程中电线绝缘皮破损。穿线完成后用兆欧表测量各个回路的绝缘电阻，并做好记录。

工程竣工验收阶段，B公司按要求整理竣工资料。提交的施工文件有施工管理文件、施工进度及造价文件、施工记录、施工质量验收记录、竣工验收文件。监理工程师审核后提出“施工文件内容不完整，需补齐所缺文件”的审核意见。

问题：

1. 圆钢跨接地线直径最小为多少？计算最小搭接长度 L。

2. 导管接头隐蔽验收时的检查数量如何确定?☆指出电线回路绝缘电阻值的合格范围?

3. B公司与土建单位进行中间交接时，对交接现场环境有哪些要求？

4. B公司提交的施工文件中还缺少哪些文件？

（三）

背景资料：

某工业生产厂设有一座压缩空气站，为生产车间提供生产工艺所需的无油压缩空气。压缩空气站的装设规模为 3×10Nm^3/min，供气能力为 17Nm^3/min，空气管道供气压力为 0.7MPa。压缩空气输送管道采用无缝不锈钢管（材料数字代号为 S30408，牌号为 06Cr19Ni10），焊接连接。空气压缩机冷却水管道采用镀锌焊接钢管。设备的随机文件显示储气罐的水压试验压力为 1.25MPa。压缩空气站工艺系统的安装工程由C公司承担，D监理公司担任现场工程监理。压缩空气站的主要设备及材料见表 3-1。

表 3-1　主要设备及材料表

序号	名称	型号及规格	单位	数量
1	无润滑活塞式压缩机	排气量 10Nm^3/min，排气压力 0.7MPa	台	3
2	储气罐	容积 1m^3，设计压力 1.0MPa	台	3
3	干燥器	处理能力 10Nm^3/min，设计压力 1.0MPa	台	2
4	除尘过滤器	12Nm^3/min，设计压力 1.6MPa，精度 0.3um	台	4
5	除尘过滤器	12Nm^3/min，设计压力 1.6MPa，精度 0.01um	台	2
6	无缝钢管	ϕ108×4，06Cr19Ni10	m	270
7	无缝钢管	ϕ57×3.5，06Cr19Ni10	m	83
8	球阀	Q341F-16P，*DN*100	个	5
9	球阀	Q341F-16P，*DN*50	个	4
10	镀锌焊接钢管	*DN*50	m	180

施工过程中，C公司将储气罐与压缩空气管道系统作为一个系统进行水压试验，且试验

压力取管道的试验压力。安装完成后，经压缩机单机及系统试运行合格，本项目进行了竣工验收。

问题：

1. 判定该压缩空气站中有哪些特种设备，并指出特种设备的种类。

2. C公司将储气罐与压缩空气管道系统作为一个系统进行水压试验的做法是否正确，并说明理由。

3. 在该压缩空气站工艺管道施工过程中，压缩空气管道和冷却水管道的施工工艺主要有哪些差异？（从材料管理和管道加工两方面叙述）

4. 压缩空气站的单机试运行由哪个单位负责？有哪些工作内容？

（四）

背景资料：

E公司中标某煤化工项目安装工程，工程中合成气净化装置的洗涤塔，重量690t（上段220t、下段470t），属于第二类压力容器，分两段制造、进场。根据合同约定，E公司负责洗涤塔的安装（吊装、就位），F公司负责洗涤塔现场组焊。E公司持有GC1级压力管道安装许可证、A级起重机械安装许可证。

根据现场条件及E公司装备情况，洗涤塔采用“正装法”进行安装。考虑洗涤塔对口及焊接操作，F公司提前在洗涤塔下段塔体合缝处下方内外搭设了作业平台，外部平台设置踢脚板及防护栏杆。

洗涤塔吊装采用“单主机抬吊递送法”吊装工艺，主吊车选用1 250t履带起重机，辅助吊车（溜尾吊车）选用260t履带吊，主吊车按部件进场，现场组装后使用。洗涤塔上段吊装索具配置示意图如图4-1所示，洗涤塔下段安装就位示意图如图4-2所示。上段塔筒就位时，腾空高度以500mm计算。

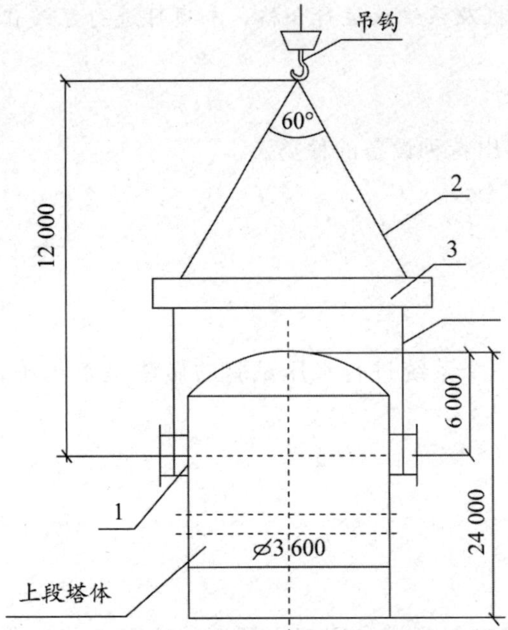

图 4-1 洗涤塔上段吊装索具配置示意图（单位：mm）

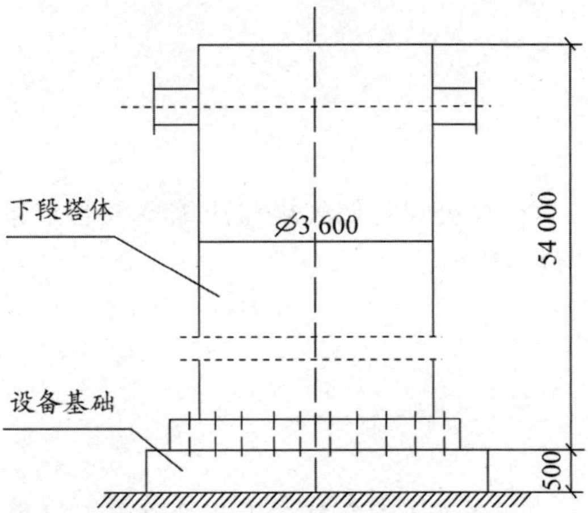

图 4-2 洗涤塔下段安装就位示意图（单位：mm）

在施工准备阶段，项目部组织技术人员按计划编制完成各项施工方案，并按规定完成方案的审批、论证。洗涤塔吊装前，E公司进行了基础验收。基础的混凝土强度、预埋地脚螺栓中心距等验收项目全部符合要求。E公司按方案要求对吊装机索具、主辅吊车站位处地面承载能力等条件安全进行验收合格后，实施了洗涤塔吊装就位工作。

问题：

1. E公司是否具备洗涤塔安装资格？说明理由。

2. 本工程中哪个方案需要组织论证？说明理由。方案论证应由哪个单位组织？

3. 指出图4-1中序号1、2、3代表的部件名称。计算洗涤塔吊装就位时，主吊车所需的最小起升高度。

4. 洗涤塔基础验收项目还有哪些？

2022年全国二级建造师执业资格考试

机电工程管理与实务

［6月12日　9:00—12:00］

一、单项选择题（共20题，每题1分。每题的备选项中，只有1个最符合题意）

1. 下列设备中，其安装基础不需设置沉降观测点的是（　　）。

A. 汽轮发电机　　B. 大型碾压机

C. 透平压缩机　　D. 80m^3储油罐

2. 电器设备安全防范措施中的“五防联锁”内容不包括（　　）。☆

A. 防止误合断路器　　B. 防止手动合闸试验

C. 防止带电挂地线　　D. 防止误入带电间隔

注：此类加☆的题目，其知识点已删除，可略过学习。

3. 关于燃气管道泄漏性试验的要求，正确的是（　　）。

A. 应在压力试验前进行　　B. 试验介质宜为自来水

C. 可与试运行一起进行　　D. 应一次达到试验压力

4. 风力发电设备安装程序中，塔筒安装的紧后工作是（　　）。

A. 机舱安装　　B. 发电机安装

C. 叶轮安装　　D. 电器柜安装

5. 下列气柜中，属于低压湿式气柜的是（　　）。☆

A. 多边形稀油密封气柜　　B. 橡胶膜密封气柜

C. 圆筒形稀油密封气柜　　D. 多节直升式气柜

6. 关于温度取源部件安装位置的说法，正确的是（　　）。

A. 宜选在阀门等阻力部件处　　B. 宜选在介质流速呈死角处

C. 不宜选在振动较大的地方　　D. 不宜选在温度变化灵敏处

7. 下列防腐蚀涂装前的表面处理中，属于机械处理的是（　　）。☆

A. 喷砂处理　　　B. 喷淋脱脂

C. 浸泡脱脂　　　D. 转换处理

8. 关于建筑管道安装的说法，正确的是（　　）。

A. 室内管道应先安装塑料管道后安装钢制管道

B. 金属排水管道的卡箍不能固定在承重结构上

C. 饮用水水箱的溢流管可与污水管道直接连接

D. 低温热水辐射供暖系统的埋地盘管不应有接头

9. 额定电压为380V电动机的绝缘电阻检查，其检查数量应抽查（　　）。☆

A. 10%　　　B. 20%

C. 50%　　　D. 100%

10. 下列风管中，进行严密性试验时应符合中压风管规定的是（　　）。

A. 排风风管　　　B. 变风量空调的风管

C. 新风风管　　　D. N1 级洁净空调风管

11. 在安全技术防范系统中，报警探测器的调试检测内容不包括（　　）。

A. 灵敏度　　　B. 防拆保护

C. 误报警　　　D. 报警优先

12. 关于火灾自动报警系统施工技术的要求，错误的是（　　）。☆

A. 端子箱和模块箱宜设置在弱电间

B. 设备外壳接地可采用铜芯绝缘线

C. 应进行整体联动控制功能的调试

D. 不同电压的线路可设于同一管内

13. 下列电梯部件中，出厂文件不需要型式检验证书复印件的是（　　）。

A. 选层器　　　B. 安全钳

C. 限速器　　　D. 缓冲器

14. 关于招标过程中设置投标限价的说法，错误的是（　　）。

A. 招标文件中应当明确最低投标限价

B. 招标人自行决定是否设置投标限价

C. 招标人设置的投标限价只能有一个

D. 招标人可明确最高限价的计算方法

15. 承包人的工程索赔正式文件不包括（　　）。

A. 批复的索赔意向书　　　B. 进度款支付证书

C. 合同条款修改指令　　　D. 工程的设计变更

16. 下列照明光源中，施工现场临时照明宜优先选用的是（　　）。☆

A. 金卤灯　　　B. 白炽灯

C. LED 灯　　　D. 荧光灯

17. 建筑安装工程措施费中，施工组织措施项目费不包括（　　）。☆

A. 安全文明施工费　　B. 提前竣工增加费

C. 机械设备安拆费　　D. 雨季施工增加费

18. 机电工程单机试运行前，组织编制试运行方案的人员是（　　）。

A. 项目总工程师　　B. 企业总工程师

C. 项目总负责人　　D. 专业技术人员

19. 机电工程的专项验收不包括（　　）。

A. 环境保护验收　　B. 人防设施验收

C. 景观照明验收　　D. 防雷设施验收

20. 在保修期内进行技术性回访时，组织座谈会的单位是（　　）。

A. 设计单位　　B. 施工单位

C. 监理单位　　D. 建设单位

二、多项选择题（共 10 题，每题 2 分，每题的备选项中，有 2 个或 2 个以上符合题意，至少有 1 个错项。错选，本题不得分；少选，所选的每个选项得 0.5 分）

21. 下列管材中，可用于饮用水管道的有（　　）。

A. 铝塑复合管　　B. 丁烯管

C. 硬聚氯乙烯管　　D. 塑复钢管

E. 无规共聚聚丙烯管

22. 下列石油化工设备中，属于分离设备的有（　　）。

A. 过滤器　　B. 缓冲器

C. 洗涤器　　D. 集油器

E. 反应器

23. 进行管道工程测量时，可作为管线起点的有（　　）。

A. 给水管道的水源处　　B. 排水管道下游出水口

C. 煤气管道的用气点　　D. 排水管道上游进水口

E. 热力管道的供气点

24. 起重时的吊装载荷包括（　　）。

A. 吊车臂重　　B. 设备重量

C. 索具重量　　D. 吊具重量

E. 吊装配重

25. 下列焊缝中，属于按空间位置形式分类的有（　　）。

A. 角焊缝　　B. 平焊缝

C. 横焊缝　　D. 立焊缝

E. 仰焊缝

26. 下列钢卷尺中，应办理报废手续的有（　　）。

A. 尺盒上制造厂标记磨损　　B. 尺带的分度线不清楚

C. 尺盒的表面有油渍污染　　D. 尺带表面大面积氧化

E. 尺带两边有锋口及毛刺

27. 下列情况中，应变更用电合同的有（　　）。

A. 改变供电电压等级　　B. 临时更换大容量电力变压器

C. 改变用电单位名称　　D. 暂时停止部分受电设备用电

E. 增加三级供配电箱

28. 纳入《特种设备目录》的安全附件品种有（　　）。

A. 减压阀　　B. 水力控制阀

C. 气瓶阀门　　D. 紧急切断阀

E. 爆破片装置

29. 工业安装电气工程中，分项工程划分的依据有（　　）。☆

A. 电气设备　　B. 电气线路

C. 安装工序　　D. 电压等级

E. 安装部位

30. 下列建筑安装工程检验批的质量验收项目中，宜选用全数检验的有（　　）。☆

A. 母线槽的金属外壳保护接地

B. 屋顶排风机的防护网安装

C. 电力电缆金属支架保护接地

D. 主干管上闸阀的强度试验

E. 超重灯具悬吊装置强度试验

三、实务操作和案例分析题（共 4 题，每题 20 分）

（一）

背景资料：

某科技公司的数据中心机电采购及安装分项工程采用电子招标，邀请行业内有类似工程经验的 A、B、C、D、E 五家单位投标。工程采用固定总价合同，在合同专用条款中约定，镀锌钢板的价格随市场变动时，风管（镀锌钢板）制作安装的工程量清单综合单价中，调整期价格与基期价格之比涨幅率在±5%以内不予调整，超过±5%时，只对超出部分进行调整。工程预付款 100 万元，工程质量保修金为 90 万元。

投标过程中，E 单位在投标截止前 1 个小时，突然提交总价降低 5%的修改标书。最终经公开评审，B 单位中标，合同价 3 000 万元（含甲供设备暂估价 200 万元），其中风管（镀锌钢板）制作安装的工程量清单综合单价为 600 元/m^2，工程量为 10 000m^2。

建设单位按约定支付了工程预付款，施工开始后，镀锌钢板的市场价格上涨，其风管制作安装的工程量清单调整期综合单价为 648 元/m^2，该项合同价款予以调整，设计变更调增价款为 50 万元。

施工过程中，消防排烟系统设计工作压力为 750Pa，排烟风管采用角钢法兰连接，现场排烟防火阀及风管安装如图 1-1 所示。监理单位在工程质量验评时，对排烟防火阀的安装和排烟风管法兰连接工艺提出整改要求。

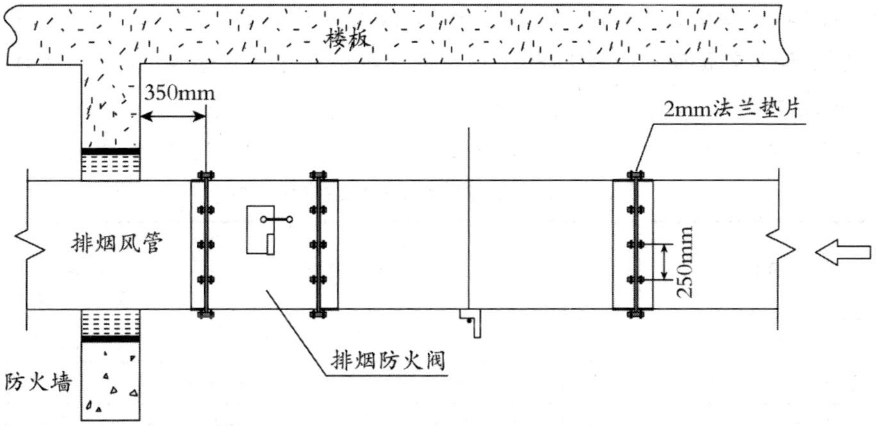

图 1-1　排烟防火阀及风管安装示意图

数据中心 F2 层变配电室的某一段金属梯架全长 45m，并敷设一条扁钢接地保护导体，监理单位对金属梯架与接地保护导体的连接部位进行了重点检查，以确保金属梯架的可靠接地。

工程竣工后，B 单位按期提交了工程竣工结算书。

问题：

1. E 单位突然降价的投标做法是否违规？请说明理由。

2. 请写出图 1-1 中排烟防火阀安装和排烟风管法兰连接的正确要求。

3. 变配电室的金属梯架应至少设置多少个与接地保护导体的连接点？分别写出连接点的位置。

4. 请计算说明风管制作安装工程的合同价款予以调整的理由。该合同价款调整金额是多少？如不考虑其他合同价款的变化，请计算本工程竣工结算价款是多少？

（二）

背景资料：

A 公司中标一升压站安装工程项目。因项目地处偏远地区，升压站安装需要建设施工临时用电工程。A 公司将临时用电工程分包给 B 公司施工。临时用电工程内容有：电力变压器

(10/0.4kV)、配电箱安装，架空线路（电杆、导线及附件）施工。

A公司要求尽快完成施工临时用电工程，B公司编制了施工临时用电工程作业进度计划（见表2-1），计划工期30d，在审批时被监理公司否定，要求重新编制，B公司在工作持续时间不变的情况下，将导线架设调整至电杆组立完成后进行，修改了作业进度计划。

表2-1　施工临时用电工程作业进度计划

序号	工作内容	开始时间	结束时间	持续时间	4月					
					1	6	11	16	21	26
1	施工准备	4.1	4.3	3d						
2	电力变压器、配电箱安装	4.4	4.8	5d						
3	电杆组立	4.4	4.23	20d						
4	导线架设	4.4	4.23	20d						
5	线路试验	4.24	4.28	5d						
6	验收	4.29	4.30	2d						

B公司与A公司签订安全生产责任书，明确各自安全责任，建立项目安全生产责任体系，由项目副经理全面领导负责安全生产，为安全生产第一责任人，并由项目总工程师对本项目的安全生产负部分领导责任。

电杆及附件安装如图2-1所示，导线架设后，在线路试验前，某档距内的一条架空导线因事故造成断线，B公司用相同规格导线对断线进行了修复（有2个接头）。修复后检查发现接头处机械强度只有原导线的80%，接触电阻为同长度导线电阻的1.5倍，被A公司要求返工。B公司对断线进行返工修复，施工临时用电工程验收合格。

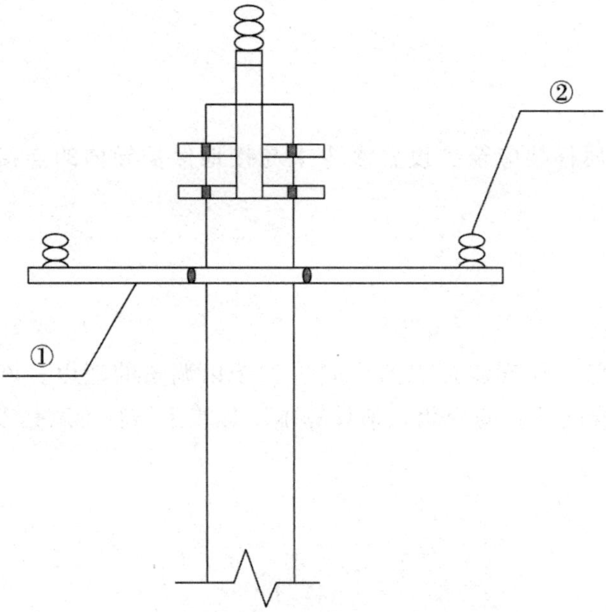

图2-1　电杆及附件安装示意图

问题：

1. 施工临时用电工程作业进度计划（表）为什么被监理公司否定？修改后的作业进度

计划工期需要多少天？

2. B公司制定的安全生产责任体系中有哪些不妥？说明理由。

3. 本工程的架空导线在断线后的返工修复应达到哪些技术要求？☆

4. 说明图中①、②部件的名称，有什么作用？

扫码听课

（三）

背景资料：

A公司承接一地下停车库的机电安装工程，工程内容包括给排水、建筑电气、消防工程等。经建设单位同意，A公司将消防工程分包给了B公司，并对B公司在资质条件、人员配备方面进行了考核和管理。

自动喷水灭火系统中的直立式喷洒头运到施工现场，经外观检查后，立即与消防管道同时进行了安装，直立式喷洒头安装如图3-1所示，施工过程中被监理工程师叫停，要求整改。

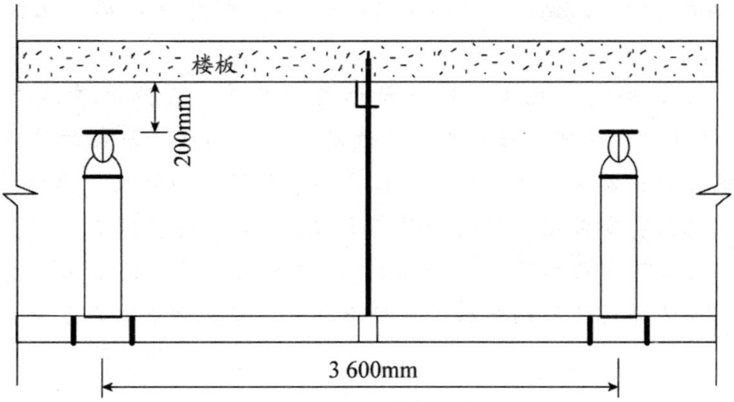

图 3-1　喷洒头安装示意图

B公司整改后，对自动喷水灭火系统进行通水调试，调试项目包括水源测试、报警阀调试、联动试验，在验收时被监理工程师要求补充调试项目。

该停车库项目在竣工验收合格12个月后才投入使用，投入使用12个月后，消防管道漏水，建设单位要求A公司进行维修。

问题：

1. A公司对B公司进行考核和管理的内容还有哪些?☆

2. 说明自动喷水灭火系统安装中被监理工程师要求整改的原因。

3. 自动喷水灭火系统的调试还应补充哪些项目?

4. 消防管道维修是否在保修期内？说明理由。维修费用应由谁承担？

（四）

背景资料：

安装公司承接某工业厂房蒸汽系统安装，系统热源来自两台蒸汽锅炉，锅炉单台规定蒸发量12t/h。锅炉出口蒸汽压力1.0MPa，蒸汽温度195℃，蒸汽主管采用ϕ219mm×6mm无缝钢管，安装高度$H+3.2$m，管道采用70mm厚岩棉保温，蒸汽主管全部采用氩弧焊焊接。

安装公司进场后，编制了施工组织设计和施工方案。在蒸汽管道支、吊架安装（如图4-1所示）设计交底时，监理工程师要求修改滑动支架高度、吊架的吊点安装位置。锅炉到达现场后，安装公司、监理单位和建设单位共同进行了进场验收，锅炉厂家提供的随机文件包含锅炉图样（总图、安装图、主要受压部位图），锅炉质量保证书（产品合格证、金属材料证明、焊接质量证明书及水压试验证明），锅炉安装和使用说明书，受压元件与原设计不符的变更资料。安装公司认为锅炉出厂资料不齐全，要求锅炉生产厂家补充与安全有关的技术资料。

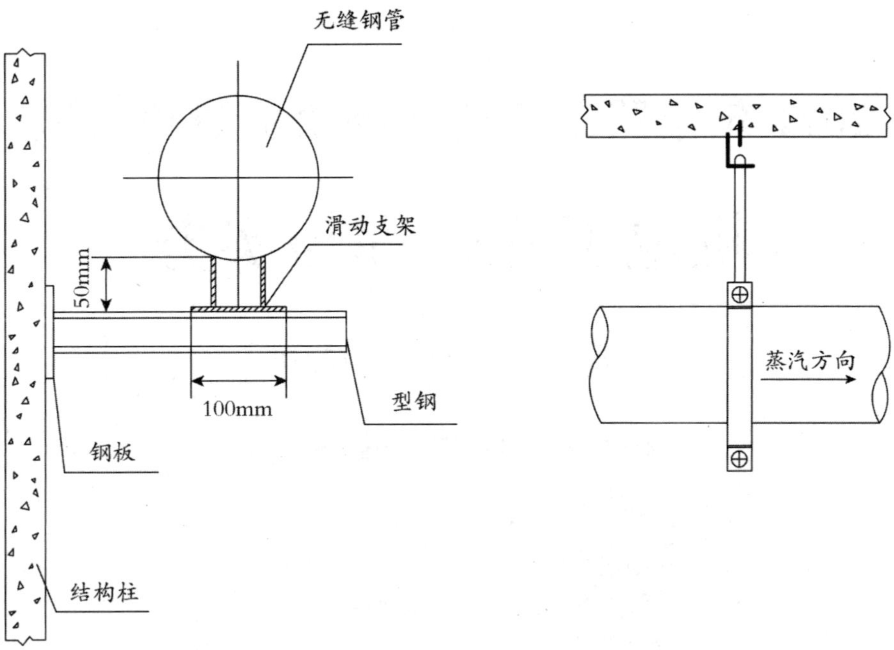

图 4-1　蒸汽管道支、吊架安装示意图

施工前，安装公司对全体作业人员进行了安全技术交底，交底内容：施工项目的作业特点和危险点、针对危险点的具体预防措施、作业中应遵守的操作规程和注意事项。所有参加人员在交底书上签字，并将安全技术交底记录整理归档为一式两份，分别由安全员、施工班组留存。

安装公司将蒸汽主管的焊接改为底层采用氩弧焊，面层采用电弧焊，经设计同意后立即进入施工，但被监理工程师叫停，要求安装公司修改施工组织设计文件，并审批后方能施工。

问题：

1. 图中的滑动支架高度及吊点的安装位置应如何修改？

2. 锅炉按出厂形式分为哪几类？锅炉生产厂家还应补充哪些与安全有关的技术资料？☆

3. 安全技术交底还应补充哪些内容？安全技术交底记录整理归档有何不妥？

4. 监理工程师要求修改施工组织设计是否合理？为什么？

2021 年全国二级建造师执业资格考试

机电工程管理与实务

［5 月 30 日　9：00—12：00］

一、单项选择题（共 20 题，每题 1 分。每题的备选项中，只有 1 个最符合题意）

1. 建设工程竣工验收时，审核竣工文件的单位是（　　）。☆

A. 施工单位　　B. 监理单位

C. 建设单位　　D. 设计单位

注：此类加☆的题目，其知识点已删除，可略过学习。

2. 下列沟通协调内容中，属于外部沟通协调的是（　　）。☆

A. 各专业管线的综合布置　　B. 重大设备安装方案的确定

C. 施工工艺做法技术交底　　D. 施工使用的材料有序供应

3. 建筑安装工程进度款支付的申请内容中不包括（　　）。☆

A. 已支付的合同价款　　B. 本月完成的合同价款

C. 已签订的预算价款　　D. 本月返还的预付价款

4. 关于超声波物位计的安装要求，错误的是（　　）。

A. 应安装在进料口上方　　B. 传感器宜垂直于物料表面

C. 在信号波束角内不应有遮挡物　　D. 物料的最高物位不应进入仪表的盲区

5. 空调绝热材料进场见证取样的复验性能中不包括（　　）。

A. 热阻　　B. 密度

C. 吸水率　　D. 氧指数

6. 自动喷水灭火系统的闭式喷头在安装前应进行（　　）。☆

A. 喷洒性能试验　　B. 强度性能试验

C. 耐湿性能试验　　D. 密封性能试验

7. 涂料进场验收时，供料方提供的产品质量证明文件不包括（　　）。

A. 材料检测报告　　B. 产品检测方法

C. 涂装工艺要求　　D. 技术鉴定文件

8. 下列社会资本投资的公用设施项目中，必须招标的是（　　）。☆

A. 单项施工合同估算价 900 万元的城市轨道交通工程

B. 合同估算价 100 万元的公路项目重要材料采购服务

C. 合同估算价 80 万元的水利工程设计服务

D. 合同估算价 50 万元的电力工程勘察服务

9. 液压电梯的组成系统不包括（　　）。

A. 曳引系统　　B. 泵站系统

C. 导向系统　　D. 控制系统

10. 室外排水管道施工程序中，防腐绝热的紧前工序是（　　）。

A. 系统清洗　　B. 系统通水试验

C. 管道安装　　D. 系统闭水试验

11. 关于管道安装后需要静电接地的说法，正确的是（　　）。

A. 每对法兰必须设置导线跨接　　B. 静电引线应采用螺栓连接

C. 跨接引线与不锈钢管道直连　　D. 静电接地安装后应进行测试

12. 锅炉受热面组件采用直立式组合的优点是（　　）。☆

A. 组合场面积大　　B. 便于组件吊装

C. 钢材耗用量小　　D. 安全状况较好

13. 下列工序中，不属于工业钢结构一般安装程序的是（　　）。

A. 部件加工　　B. 构件检查

C. 基础复查　　D. 钢柱安装

14. 下列条件中，不属于机电工程索赔成立的前提条件是（　　）。

A. 已造成承包商工程项目成本额外支出

B. 承包商按规定时限提交索赔意向和报告

C. 承包商履约过程中发现合同的管理漏洞

D. 造成工期损失的原因不是承包商的责任

15. 下列参数中，不属于会议灯光系统要求检测的是（　　）。☆

A. 照度　　B. 色温

C. 光源　　D. 显色指数

16. 下列情况中，不需要修改或补充施工组织设计的是（　　）。

A. 工程设计有重大变更　　B. 各项管理目标有重大变化

C. 施工班组有重大调整　　D. 主要施工方法有重大调整

17. 新建供电系统逐级送电的顺序是（　　）。

A. 先低压后高压、先干线后支线

B. 先高压后低压、先干线后支线

C. 先高压后低压、先支线后干线

D. 先低压后高压、先支线后干线

18. 关于三相四孔插座接线的说法，正确的是（　　）。

A. 保护接地导体（PE）应接在下孔

B. 保护接地导体（PE）在插座间串联连接

C. 同一场所的三相插座接线相序应一致

D. 相线利用插座本体的接线端子转接供电

19. 施工机具按类型和性能参数的选择原则不包括（　　）。

A. 满足工程需要　　B. 保证质量要求

C. 施工方案需要　　D. 装备规划要求

20. 对开式滑动轴承安装不包括（　　）。

A. 清洗　　B. 检查

C. 刮研　　D. 胀套

二、多项选择题（共10题，每题2分，每题的备选项中，有2个或2个以上符合题意，至少有1个错项。错选，本题不得分；少选，所选的每个选项得0.5分）

21. 企业申请新装用电时，应向供电部门提供的资料包括（　　）。

A. 用电负荷　　B. 用电性质

C. 用电设备　　D. 用电规划

E. 用电方法

22. 关于声级计的使用要求，正确的有（　　）。

A. 选用的量程和精度应满足噪声检测要求

B. 送所属企业的计量管理部门校准或校验

C. 定期送法定或授权的计量检定机构检定

D. 经验货和验证合格后即可发放使用测量

E. 必须具有计量检定证书或计量检定标记

23. 关于压力容器许可制度的说法，正确的有（　　）。☆

A. 固定式压力容器不单独许可　　B. 各类气瓶安装无需许可

C. 压力容器改造需单独许可　　D. 压力容器重大修理需单独许可

E. A1级可覆盖A2级、D级

24. 关于工业安装工程质量验收的说法，正确的有（　　）。☆

A. 质量检验数量应符合验收标准　　B. 隐蔽工程应在隐蔽前验收合格

C. 单位工程的验收由监理单位组织　　D. 质量验收前施工单位应自检合格

E. 分包工程的质量验收由分包单位申报

25. 下列建筑安装工程检验批的质量验收项目中，属于主控项目的有（　　）。☆

A. 母线槽的绝缘电阻值　　B. 卫生器具安装的水平度

C. 空调水管的支架间距　　D. 金属风管的严密性检验

E. 风机盘管排水管坡度

26. 下列材料中，不属于有机绝缘材料的有（　　）。

A. 云母　　B. 石棉

C. 硫黄　　D. 橡胶

E. 矿物油

27. 动力式压缩机按结构形式和工作原理可分为（　　）。

A. 轴流式压缩机　　B. 容积式压缩机

C. 离心式压缩机　　D. 往复式压缩机

E. 混流式压缩机

28. 管道工程施工测量的准备工作应包括（　　）。☆

A. 勘察施工现场　　B. 绘制施测草图

C. 确定施测精度　　D. 设置沉降观测点

E. 测设施工控制桩

29. 关于起重卸扣的使用要求，正确的有（　　）。

A. 按额定负荷标记选用　　B. 无标记的不得使用

C. 可用焊接的方法修补　　D. 永久变形后应报废

E. 只应承受纵向的拉力

30. 关于焊接操作要求的说法，正确的有（　　）。

A. 定位焊缝不得熔入正式焊缝　　B. 不得在焊接坡口内试验电流

C. 盖面焊道不得锤击清除应力　　D. 焊机电流表未校验不得使用

E. 焊接中断时应控制冷却速度

三、实务操作和案例分析题（共4题，每题20分）

（一）

背景资料：

某市财政拨款建设一综合性三甲医院，其中通风空调工程采用电子方式公开招标。外省施工单位在电子招标投标交易平台注册登记，但下载招标文件时，被告知外省施工单位需提前报名、审核通过后方可参与投标。最终该施工单位中标，签订了施工承包合同，采用固定总价合同，签约合同价3 000万元（含暂列金额100万元）。合同约定：工程的主要设备由建设单位限定品牌，施工单位组织采购，预付款20%；工程价款结算总额的3%作为质量保修金。

500台同厂家的风机盘管机组进入施工现场后，按不考虑产品节能认证等情况，施工单位抽取了一定数量的风机盘管机组进行了节能复验，复验的性能参数包括机组的供冷量、供热量和水阻力等。排烟风机进场报验后，安装就位于屋顶的混凝土基础上，风机与基础之间安装橡胶减振垫，设备与排烟风管之间采用长度200mm的普通帆布短管连接（如图1-1所示）。监理单位在验收过程中，发现排烟风机的上述做法不合格，要求施工单位整改。

工程竣工结算时，经审核预付款已经全部抵扣完成，设计变更增加费用80万元，暂列金额无其他使用。

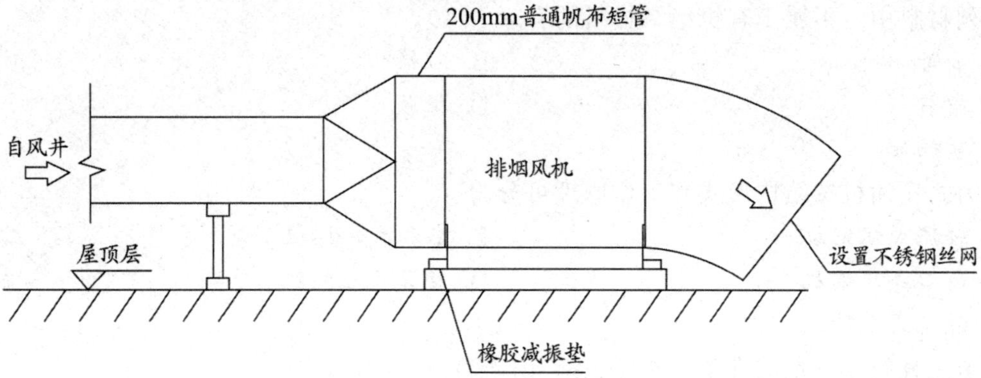

图 1-1　设备与排烟风管之间的连接

问题：

1. 要求外省施工单位需提前报名、审核通过后方可参与投标是否合理？说明理由。

2. 风机盘管机组的现场节能复验应在什么时间点进行？还应复验哪些性能参数？复验数量最少选取多少台？

3. 指出图中屋顶排烟风机安装的不合格项，应怎么纠正？

4. 计算本工程质量保修金的金额，本工程进度价款的结算方式可以有哪几种方式？☆

（二）

背景资料：

某施工单位承包新建风电项目的 35kV 升压站和 35kV 架空线路。根据线路设计，架空线路需跨越铁路，升压站内设置一台 35kV 的油浸式变压器。施工项目部及生活营地设置在某行政村旁，项目部进场后，未经铁路部门许可，占用铁路用地存放施工设备，受到铁路部门处罚，停工处理，造成了工期延误。

设计交底后，项目部依据批准的施工组织设计和施工方案，逐级进行了交底。但在变压器管母线安装时，发现母线出线柜出口与变压器接口不在同一直线上，导致母线无法安装。经核实，是因变压器基础位置与站内道路冲突，土建设计师已对变压器基础进行了位置变更，但电气设计师未及时跟进电气图纸修改，管母线仍按照原设计图供货，经协调，管母线返厂加工处理，为保证合同工期，项目部组织人员连夜加班，进行管母线安装。采用大型照明灯，增配电焊机、切割机等机具，其间因扰民被投诉，项目部整改后完成施工，但造成了工期延误。

升压站安装完成后，进行了变压器交接试验，试验内容见表 2-1。监理认为试验内容不全，项目部补充了交接试验项目，通过验收。

表 2-1　变压器交接试验内容

序号	试验内容	试验部位
1	吸收比	绕组
2	变比测试	绕组
3	组别测试	绕组
4	绝缘测试	绕组、铁芯及夹件
5	介质耗损因数	绕组连同套管
6	非纯瓷套管试验	套管

问题：

1. 项目部在设置生活营地时需要与哪些部门沟通协调？

2. 在降低噪声和控制光污染方面项目部应采取哪些措施？

3. 变压器交接试验还应补充哪些项目？

4. 造成本工程工期延误的原因有哪些？

（三）

背景资料：

某安装公司中标一项机电工程项目，承包内容有工艺设备及管道工程、暖通工程、电气工程和给排水工程。安装公司项目部进场后，进行了成本分析，并将计划成本向施工人员进行交底，依据施工总进度计划组织施工，合理安排人员、材料、机械等，使工程按合同要求进行。在工艺设备运输及吊装前，施工员向施工班组进行技术交底，交底内容包括施工时间、工艺设备安装位置、安装质量标准、质量通病及预防办法等。

在设备机房施工期间，现场监理工程师发现某工艺管道取源部件的安装位置如图 3-1 所示，认为该安装位置不符合规范要求，要求项目部整改。施工期间，露天水平管道绝热施工验收合格后，进行金属薄板保护层施工时，施工人员未严格按照技术交底文件施工，水平管道纵向接缝不符合规范规定，被责令改正。在工程竣工验收后，项目部进行成本分析，数据收集见表 3-1。

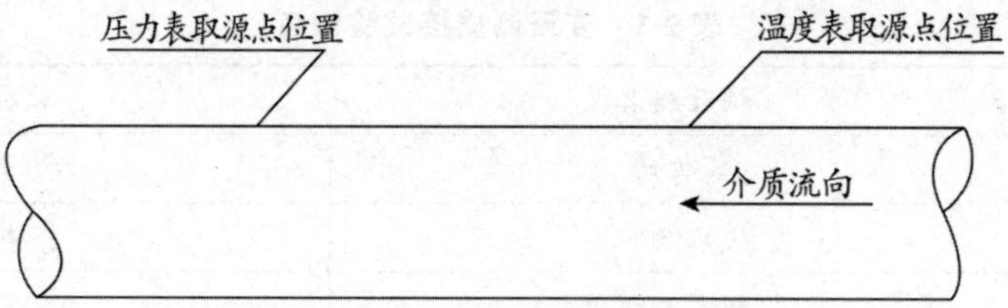

图 3-1　工艺管道取源部件的安装位置

表 3-1　项目部成本分析

序号	分部工程名称	实际发生成本/万元	成本降低率
1	暖通工程	450	10%
2	电气工程	345	−15%
3	给排水工程	300	25%
4	工艺设备及管道工程	597	0.5%

问题：

1. 工艺设备施工技术交底中，还应增加哪些施工质量要求？

2. 图中气体管道压力表与温度表取源部件位置是否正确？说明理由。蒸汽管道的压力表取压点安装方位有何要求？

3. 管道绝热按用途可分为哪几种类型？水平管道金属保护层的纵向接缝应如何搭接？

4. 列式计算本工程的计划成本及项目总成本降低率。

（四）

背景资料：

某安装公司总承包某项目气体处理装置工程，业主已将其划分为一个单位工程，包括土建工程、设备工程、管道工程等分部工程。其核心设备的气体压缩机为分体供货现场安装，气体处理装置厂房为钢结构，厂房内安装 2 台额定吊装重量为 30t/5t 桥式起重机，如图 4-1 所示。

安装公司编制了压缩机吊装专项施工方案，计划在厂房封闭和桥式起重机安装完成后，进行气体压缩机的吊装；自重 30t 以上的压缩机部件采取两台桥式起重机抬吊工艺，其余部件采用单台桥式起重机吊装。安装公司组织了吊装专项施工方案的专家论证，专家组要求完善方案审核、审查及签字手续后，进行方案论证。专项施工方案审批通过后，安装公司对施工人员进行方案交底，在压缩机底座吊装固定后，进行压缩机部件的组装调整，重点是压缩机轴瓦、轴承等运动部件的间隙进行调整和压紧调整等，保证了压缩机安装质量。

在压缩机试运行阶段，安装公司向监理提交了单机试运行申请，监理工程师经查验后，提出压缩机还不具备单机试运行条件，因安装公司除润滑油系统循环清洗合格外，还有其他设备、系统均未进行调试。安装公司完成调试后，压缩机单机试运行验收合格。

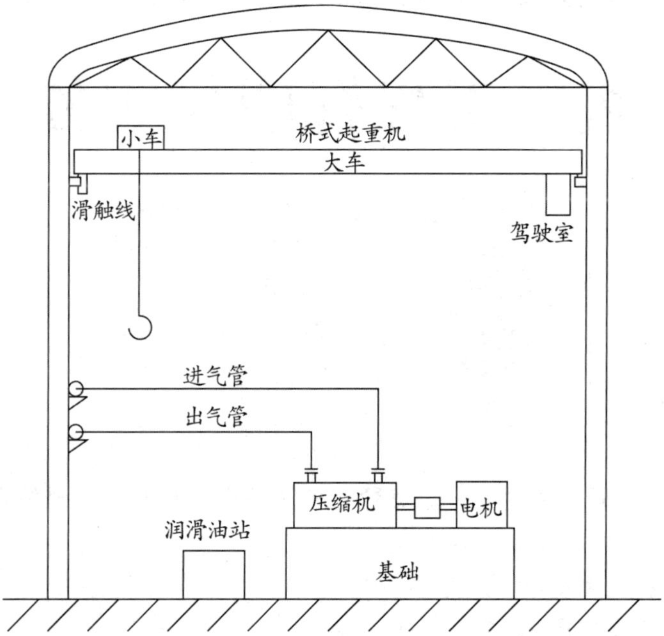

图 4-1　厂房吊装示意图

问题：

1. 气体处理装置工程还有哪些分部工程？

2. 分别写出气体压缩机吊装专项施工方案的审核及审查人员。方案实施的现场监督应是哪个人员？

3. 依据解体设备安装一般程序，压缩机固定后在试运转前有哪些工序？压缩机的装配精度包括哪些方面？

4. 压缩机单机试运行前还应完成哪些设备及系统的调试？

2020年全国二级建造师执业资格考试

机电工程管理与实务

一、单项选择题（共20题，每题1分。每题的备选项中，只有1个最符合题意）

1. 关于氧化镁电缆特性的说法，错误的是（　　）。

A. 氧化镁绝缘材料是无机物

B. 电缆允许工作温度可达250℃

C. 燃烧时会发出有毒的烟雾

D. 具有良好的防水和防爆性能

2. 下列风机中，属于按照排气压强划分的是（　　）。

A. 通风机　　B. 混流式风机

C. 轴流式风机　　D. 单级风机

3. 机电安装工程测量的基本程序内容中，不包括（　　）。

A. 设置纵横中心线　　B. 仪器校准或检定

C. 安装过程测量控制　　D. 设置标高基准点

4. 自动化仪表安装施工程序中，“综合控制系统试验”的紧后工序是（　　）。

A. 投运　　B. 回路试验、系统试验

C. 交接验收　　D. 仪表电源设备试验

5. 施工单位应急预案体系组成的文件不包括（　　）。

A. 综合应急预案　　B. 专项应急预案

C. 专项施工方案　　D. 现场处置方案

6. 建筑智能化工程中，电动阀门安装前应进行的试验是（　　）。

A. 模拟动作试验　　B. 阀门行程试验

C. 关紧力矩试验　　D. 直流耐压测试

7. 下列消防系统调试内容中，不属于自动喷水灭火系统的是（　　）。

A. 稳压泵调试　　B. 消防水泵调试

C. 喷射功能调试　　D. 排水设施调试

8. 电梯渐进式安全钳动作试验的载荷为（　　）额定载重量。

A. 50%　　B. 100%

C. 110%　　D. 125%

9. 下列文件中，不属于施工技术交底依据的是（　　）。

A. 施工合同　　B. 施工组织设计

C. 施工图纸　　D. 专项施工方案

10. 下列影响施工进度的因素中，属于施工单位管理能力的是（　　）。

A. 材料价格的上涨　　B. 安装失误造成返工

C. 新标准技术培训　　D. 施工图纸设计变更

11. 下列施工质量控制行为中，属于事中控制的是（　　）。

A. 施工资格审查　　B. 施工方案审批

C. 检验方法审查　　D. 施工变更审查

12. 下列临时用电的做法中，存在事故隐患的是（　　）。☆

A. 电线电缆架空或穿管敷设　　B. 配电箱进线采用三相五线

C. 电动工具均有漏电保护　　D. 照明箱外壳未接保护零线

注：此类加☆的题目，其知识点已删除，可略过学习。

13. 下列绿色施工环境保护措施中，属于扬尘控制的是（　　）。

A. 对建筑垃圾进行分类　　B. 施工现场出口设置洗车槽

C. 防腐保温材料妥善保管　　D. 施工后恢复被破坏的植被

14. 机电工程项目成本控制的方法中，属于施工准备阶段控制的是（　　）。

A. 成本差异分析　　B. 施工成本核算

C. 优化施工方案　　D. 注意工程变更

15. 单机试运行方案由项目总工程师组织编制后，审定人是（　　）。

A. 项目经理　　B. 企业总工程师

C. 建设单位负责人　　D. 总监理工程师

16. 关于施工计量器具使用管理的说法，错误的是（　　）。

A. 属于强制检定的应按周期进行检定

B. 企业应建立完善的计量器具管理制度

C. 任何单位和个人不得擅自拆卸、改装计量基准

D. 强制检定周期可根据企业实际使用情况来确定

17. 下列情况中，无须到供电部门办理用电手续的是（　　）。

A. 增加用电容量　　B. 变更用电

C. 增设一级配电　　D. 新装用电

18. 压力容器安装前，不需要查验的是（　　）。☆

A. 竣工图样和产品合格证　　B. 产品质量证明文件

C. 压力容器监督检验证书　　D. 使用维护保养说明

19. 砌体工程量小于 $100m^3$ 的炉窑砌筑工程，在施工质量验收时应划分为（　　）。☆

A. 分部工程　　B. 分项工程

C. 检验批　　D. 子分部工程

20. 建筑安装工程分部工程质量验收的负责人是（　　）。☆

A. 专业监理工程师　　B. 施工项目经理

C. 设计单位技术负责人　　D. 建设单位项目负责人

二、多项选择题（共 10 题，每题 2 分。每题的备选项中，有 2 个或 2 个以上符合题意，至少有 1 个错项。错选，本题不得分；少选，所选的每个选项得 0.5 分）

21. 关于履带式起重机安全作业的说法，正确的有（　　）。

A. 履带最大接地比压小于地面承载力

B. 定期检验报告应在有效期内

C. 负载行走应按说明书的要求操作

D. 转场安拆均不需要检查验收

E. 双机抬吊各承载小于额定载荷 80%

22. 焊接作业时，焊工遵循的作业文件有（　　）。☆

A. 焊接作业指导书　　B. 焊接工艺评定报告

C. 技术交底的记录　　D. 焊缝检验方案

E. 焊缝热处理方案

23. 设备找正时，常用的检测方法有（　　）。

A. 钢丝挂线法　　B. 放大镜观察接触法

C. 显微镜观察法　　D. 高精度经纬仪测量法

E. 导电接触讯号法

24. 关于电力架空线路架设及试验的说法中，正确的有（　　）。☆

A. 导线连接电阻不应超过同长度导线电阻的 2 倍

B. 检查架空线各相的两侧相位应一致

C. 在额定电压下对空载线路的冲击合闸试验应进行 3 次

D. 导线连接处的机械强度不应低于导线强度的 90%

E. 检验导线接头的连接质量可用红外线测温仪

25. 关于工业管道系统压力试验的说法，正确的有（　　）。

A. 脆性材料管道严禁气压试验

B. 在热处理前完成管道压力试验

C. 试验合格后应及时填写试验记录

D. 压力试验宜采用液体作为试验介质

E. 严禁在金属脆性转变温度下试验

26. 下列设备中，属于工业整装锅炉附件的有（　　）。☆

A. 省煤器　　B. 引风机

C. 风管除尘器　　D. 汽包

E. 水冷壁

27. 金属浮顶罐充水试验的检验内容主要有（　　）。☆

A. 罐壁强度　　B. 浮顶升降试验

C. 储罐容积　　D. 排水管严密性

E. 罐底严密性

28. 关于建筑管道安装的说法，正确的有（　　）。

A. 不同材质管道应先安装塑料管，后安装钢制管道

B. 埋地管道在安装结束隐蔽之前，应进行隐蔽工程验收

C. 冷热水管道垂直安装时热水管道应在冷水管道左侧

D. 金属排水管横管固定在承重结构上的固定件间距不大于 3m

E. 室内排水立管与排出管端部的连接可采用两个 45°弯头

29. 关于导管内穿线和槽盒内敷线的说法，正确的有（　　）。

A. 同一交流回路导线可穿入不同金属导管内

B. 不同电压等级的导线不能穿在同一导管内

C. 导管内的导线接头应设置在专用的接线盒内

D. 同一槽盒内不宜同时敷设绝缘导线和电缆

E. 垂直安装的槽盒内导线敷设不用分段固定

30. 关于洁净室空调风管制作的说法，正确的有（　　）。

A. 洁净度为 N1 级至 N5 级按中压系统风管制作

B. 空调管道清洗后立即安装的风管可以不封口

C. 内表面清洗干净且检查合格的风管可以不封口

D. 镀锌钢板风管的镀锌层损坏时应做防腐处理

E. 矩形风管长度为 800mm 时，不得有纵向拼接缝

三、实务操作和案例分析题（共 4 题，每题 20 分）

（一）

背景资料：

A 安装公司承包一商务楼的机电安装工程项目，工程内容包括：通风空调、给排水、建筑电气和消防工程等。A 公司签订合同后，经业主同意，将消防工程分包给 B 公司，在开工前，A 公司组织有关工程技术管理人员，依据施工组织设计、设计文件、施工合同和设备说明书等资料，对相关人员进行项目总体交底。

A 公司项目部进场后，依据施工验收规范和施工图纸制定了金属风管的安装程序：测量放线→支吊架安装→风管检查→组合连接→风管调整→风管绝热→漏风量测试→质量检查。

风管制作材料有 1.0mm、1.2mm 镀锌钢板、角钢等，施工后，风管板材拼接，风管制作、风管法兰连接等检查均符合质量要求，但防火阀安装和风管穿墙（图 1-1）存在质量问题，监理工程师要求项目部返工。

项目部组织施工人员返工后，工程质量验收合格。

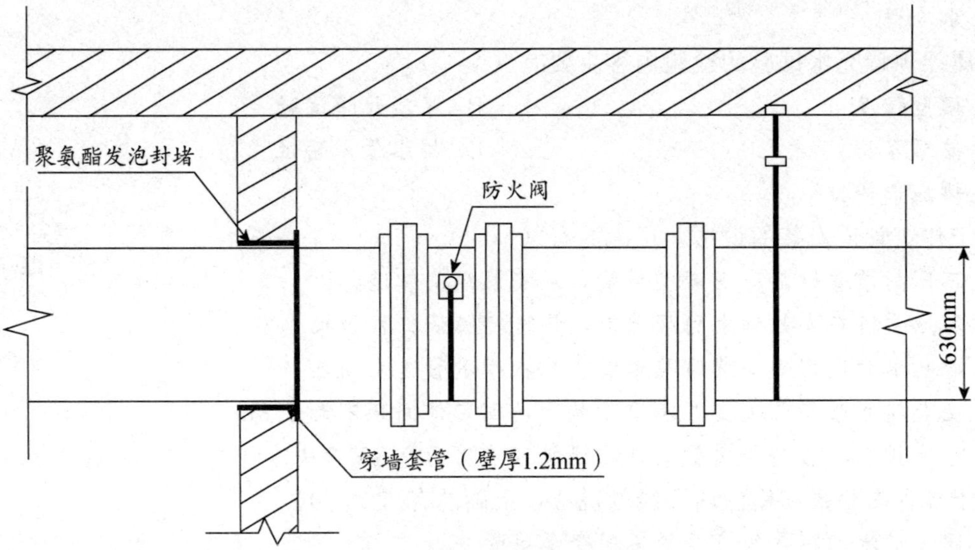

图 1-1　风管及防火阀安装示意图

问题：

1. 开工前，需要对哪些相关人员进行项目总体交底？

2. 项目部制定的金属风管安装程序存在什么问题？会造成什么后果？

3. 本工程的风管板材拼接应采用哪种方法？风管与风管的连接可采用哪几种连接方式？

4. 风管及防火阀安装示意图中有哪些不符合规范要求？写出正确的做法。

（二）

背景资料：

某安装公司承包某热电联产项目的机电安装工程，主要设备材料（如母线槽等）由施工单位采购。合同签订后，安装公司履行相关开工手续，编制了施工方案及各分项工程施工程序。施工方案内容主要包括：工程概况、编制依据、施工准备、质量安全保证措施。针对低压配电母线槽的安装，制定了施工程序：开箱检查→支架安装→单节母线槽绝缘测试→母线槽安装→通电前绝缘测试→送电验收。

在施工过程中发生了以下事件：

事件一：建设单位对配电母线槽用途提出新的要求，通知了设计单位，但其未能及时修改出图，后经协调，设计单位提供了修改图纸。供货单位拿到图纸后，由于建设单位工程款未及时支付给施工单位，导致母线槽未按原定采购计划生产，安装公司催促建设单位付款后，才使母线槽送达施工现场，但已造成工期延误。

事件二：母线槽安装完成后，因没能很好地进行成品保护，遭遇雨季建筑渗水，母线槽受潮。送电前绝缘电阻测试不合格，并且部分吊架安装不符合规范要求（如图 2-1 所示），质检员对母线槽安装提出了返工要求。母线槽拆下后，有 5 节母线槽的绝缘电阻测试值见表 2-1。母线槽经干燥处理，增加圆钢吊架后返工安装，通电验收合格，但造成了工期延误。

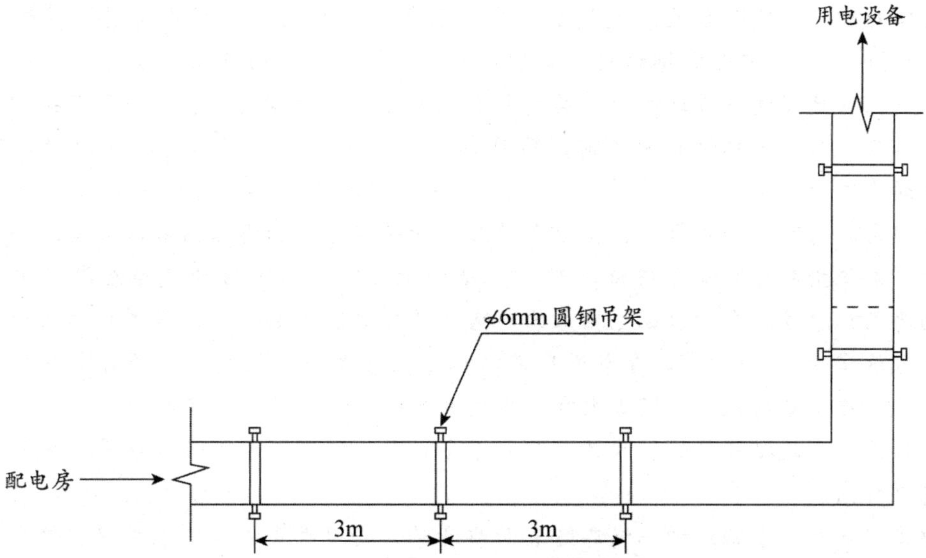

图 2-1　母线槽安装平面示意图

表 2-1　母线槽绝缘电阻值表

母线槽	①	②	③	④	⑤
电阻值/MΩ	30	35	10	25	0.5

问题：

1. 安装公司编制的施工方案还应包括哪些内容？

2. 母线槽绝缘电阻值表中，哪几节母线槽绝缘电阻测试值不符合规范要求？写出合格的要求。

3. 母线槽安装平面示意图中，母线槽安装有哪些不符合规范要求？写出符合规范要求的做法。☆

4. 分别指出建设、设计和施工单位的哪些原因造成了工期延误？

（三）

背景资料：

某气体处理厂新建一套天然气脱乙烷生产装置，工程内容包括乙烷塔、丙烷制冷机组（两套）冷箱的安装及配套的钢结构、工艺管道、电气和仪表的安装调试等。某公司承接该项目后，成立项目部进行项目策划，策划书中强调施工质量控制，承诺全面实行"三检制"。

安装后期，在制冷机组油冲洗前，项目部对设备滑动轴承间隙进行了测量，均符合要求，按计划冲洗后，除一路支管外，其余油管路全部冲洗合格。针对一路冲洗不合格的油管，项目部采取的冲洗措施为：将其他支管及主管的连接处加设隔离板，加大不合格支管的冲洗流量。采取措施后冲洗合格试车时，主轴轴承烧毁，初步估计直接经济损失 10 万元。经查在隔离板拆除过程中，通往主轴承的油路上的隔离盲板漏拆。监理工程师认为项目部未能严格执行承诺的"三检制"，责令项目部限期上报质量事故报告书。项目部按要求及时编写，并上报了质量事故报告。报告内容：事故发生的时间、地点，工程项目名称，事故发生后采取的措施，事故报告单位、联系人及联系方式等。监理工程师认为质量事故报告内容不完整，需要补充。

监理工程师在检查钢结构一级焊缝表面质量时，发现存在咬边、未焊满、根部收缩、弧坑、裂纹等质量缺陷，要求项目部加强焊工的培训并对焊工的资质进行了再次核查。项目部进行整顿和培训，作业人员的技术水平达到要求，项目进展顺利按时完工。

问题：

1. 制冷机组滑动轴承间隙需要测量哪几个项目？分别用什么方法测量？

2. 针对主轴承烧毁事件，项目部在“三检制”的哪些环节上出现了问题？

3. 本工程的质量事故报告还应补充哪些内容？建设单位负责人接到报告后应在多长时间内向当地有关部门报告？

4. 钢结构的一级焊缝中还可能存在哪些表面质量缺陷？☆

（四）

背景资料：

某新建工业项目的循环冷却水泵站由某安装公司承建。泵站为半地下式钢筋混凝土结构，水泵泵组设计为三用一备，设计的一台 2t×6m 单梁桥式起重机用于泵组设备的检修吊装。该泵站为全厂提供循环冷却水，其中，鼓风机房冷却水管道系统主要材料见表 4-1。冷却水系统工程设计对管道冲洗无特别要求。

在泵房阀门、材料进场开箱验收时，所有阀门的合格证等质量证明文件齐全，但有一台 DN300 电动蝶阀的手动与电动转换开关无法动作，安装公司施工人员认为该问题不影响阀门与管道的连接，遂将该阀门运至安装现场准备安装。

安装公司在起重机安装完成、验收合格后，整理起重机竣工资料。向监理工程师申请报验时，监理工程师认为竣工资料中缺少特种设备安装告知及监督检验等资料，要求安装公司补齐。

鼓风机房冷却水管道系统水压试验合格后，进行管道冲洗，冲洗压力和冲洗最小流量满足要求，冲洗后验收合格。

表 4-1　鼓风机房冷却水管道系统主要材料表

序号	名称	型号	规格	数量	备注
1	焊接钢管		DN100/DN50/DN40	120/150/90（m）	
2	截止阀	J41T－16	DN100/DN50/DN40	2/6/12（个）	
3	Y 型过滤器	GL41－16	DN40	3（个）	
4	平焊法兰	PN1.6	DN100/DN50/DN40	4/12/30（副）	
5	六角螺栓		M16×70/M16×65	（略）	
6	法兰垫片		DN100/DN50/DN40	（略）	
7	压制弯头		DN100/DN50/DN40	（略）	

续表

序号	名称	型号	规格	数量	备注
8	异径管		DN100×DN50/DN100×DN40	（略）	
9	三通		DN100×DN50/DN100×DN40	（略）	
10	管道组合支吊架		组合件	（略）	
11	压力表	Y100 1.6 级	0～1.6MPa	3（块）	

问题：

1. 鼓风机房冷却水管道系统主要材料表中除焊接钢管、截止阀、平焊法兰、异径管、三通外，还有哪几种材料属于管道组成件?☆

2. 安装公司施工人员在阀门开箱验收时的做法是否正确？应如何处置？

3. 在起重机竣工资料报验时，监理工程师的做法是否正确？说明理由。

4. 鼓风机房冷却水管道系统冲洗的合格标准是什么？系统冲洗的最低流速为多少？系统冲洗所需最小流量的计算应依据哪个规格的管道？

环球网校

模拟部分

5套真题3套模拟
二建机电

建造师考试研究院　组编

机电

立信会计出版社
LIXIN ACCOUNTING PUBLISHING HOUSE

《机电工程管理与实务》
模拟试卷（一）

（考试时间 150 分钟　满分 120 分）

一、单项选择题（共 20 题，每题 1 分。每题的备选项中，只有 1 个最符合题意）

1. 母线槽选用时，（　　）应选用防护等级为 IP66 的母线槽。

A. 一般室内正常环境　　B. 消防喷淋区域

C. 有显著摇动或冲击振动的设备连接时　　D. 专用工作场所

2. 下列参数中，属于风机主要性能参数的是（　　）。

A. 流量、全风压、转速　　B. 流量、吸气压力、转速

C. 功率、吸气压力、比转速　　D. 功率、扬程、转速

3. 在工程测量过程中，下列说法正确的是（　　）。

A. 高程测量的方法有水准测量法、电磁波测距法、三角高程测量法，常用的是水准测量法

B. 管道中线测量的任务是测设管线的主点（起点、中点和转折点）、标定里程桩和加桩

C. 连续生产设备采用简单的标高基准点

D. 长距离输电线路钢塔架中心桩测定后，一般采用电磁波测距法或解析法进行控制

4. 某台设备高度为 30m，采用单台履带起重机吊装，其中钢丝绳高度 3.2m，平衡梁高度 0.8m。设备吊装就位后底部高出地脚螺栓 0.5m，基础和地脚螺栓高度为 1.5m，起重机臂架离地高度为 42.5m。该设备吊装所需最小起升高度应为（　　）。

A. 30m　　B. 32m　　C. 36m　　D. 36m

5. 关于建筑设备监控系统输入设备安装的说法，正确的是（　　）。

A. 铂温度传感器的接线电阻应小于 1Ω

B. 电磁流量计应安装在流量调节阀下游

C. 风管型传感器应在风管保温前安装

D. 水管型传感器开孔工作在压力试验后进行

6. 关于曳引式电梯土建交接验收的说法，不正确的是（　　）。

A. 轿厢缓冲器支座下的底坑地面应能承受满载轿厢静载 4 倍的作用力

B. 厅门预留孔必须设有高度不小于 1 200mm 的安全保护围封（安全防护门）

C. 电源中性线和接地线应分开，接地电阻值不应大于4Ω

D. 井道最高点和最低点1m内应各装一盏灯

7. 下列关于消防给水及消火栓系统施工技术要求的说法，不正确的是（　　）。

A. 消防水泵出水管上应安装压力表和压力开关

B. 地下式消火栓顶部进水口或顶部出水口与消防井盖底面的距离不应大于0.4m

C. 室内消火栓栓口不应安装在门轴侧

D. 室内消火栓安装完成后，应取屋顶层（或水箱间内）试验消火栓和首层取两处消火栓做试射试验

8. 下列关于自动化仪表取源部件的安装要求，说法错误的是（　　）。

A. 压力取源部件应安装在温度取源部件的上游侧

B. 温度取源部件与管道垂直安装时，取源部件轴线应与管道轴线垂直相交

C. 取源部件的安装，应在工艺设备制造或工艺管道预制、安装的同时进行

D. 安装取源部件的开孔应设置在焊缝及其边缘

9. 硬质或半硬质绝热制品的拼缝宽度，当作为保温层时，不应大于（　　）。

A. 5mm　　B. 4mm

C. 3mm　　D. 2mm

10. 下列关于金属拱顶储油罐倒装法施工的要求，说法正确的是（　　）。

A. 底板铺设前，底面应涂刷沥青防腐漆一道

B. 中幅板焊接时先焊长焊缝，后焊短焊缝

C. 中幅板焊接的顺序由四周向中心

D. 罐底与罐壁连接的角焊缝应先焊内侧环形角缝，再焊外侧环形角缝

11. 工业锅炉受热面组合安装的技术要点不包括（　　）。

A. 组合安装前受热面管应进行压力试验

B. 合金材质应进行光谱复查

C. 使用胀接工艺的受热面管，安装前要对管子进行放样校管

D. 使用焊接工艺的受热面，应严格执行焊接工艺评定

12. B类计量器具可由工程项目部按《计量器具管理目录》规定，可以（　　）。

A. 请法定计量检定机构定期来试验室现场校验

B. 送交法定计量检定机构检定

C. 经库管员验证合格后即可发放使用

D. 由计量管理人员到现场巡视，及时更换

13. 不得在距电力设施周围500m范围内（指水平距离）进行爆破作业。因工作需要必须进行爆破作业时，应当采取可靠的安全防范措施，确保电力设施安全，并征得（　　）的书面同意，报经政府有关管理部门批准。在规定范围外进行的爆破作业必须确保电力设施的安全。

A. 当地电力设施产权单位或管理部门　　B. 政府有关管理部门

C. 电力管理部门　　D. 县级以上地方电力管理部门

14. 下列压力管道施工中，覆盖 GC2 压力管道安装的是（　　）。

A. GA2　　B. GB1

C. GB2　　D. GCD

15. 根据《绿色建筑评价标准》（GB/T 50378－2019）（2024 年局部修订），使用较高用水效率等级的卫生器具，评价总分值为（　　）分。

A. 12　　B. 15

C. 17　　D. 18

16. 下列内容中，不属于机电工程施工分包方职责的是（　　）。

A. 满足总承包合同的要求　　B. 编制分包工程施工方案

C. 及时提供分包工程计划　　D. 联系业主申请索赔事项

17. 下列施工进度控制措施中，属于技术措施的是（　　）。

A. 建立进度目标控制体系　　B. 合同中要有专款专用条款

C. 编制资金需求计划　　D. 编制施工进度控制工作细则

18. “三检制”是（　　），对于重要的工序或对工程质量有重大影响的工序应严格执行“三检制”。

A. 开工前的检查　　B. 工序交接检查

C. 隐蔽工程的检查　　D. 停工后复工的检查

19. 项目部与人员驻地生活直接相关的协调机构不包括（　　）。

A. 工程所在地的行政机构　　B. 特种设备安全监督机构

C. 工程所在地的公安　　D. 工程所在地的医疗机构

20. 工业安装单位（子单位）工程的质量验收应由（　　）负责组织。

A. 建设单位专业工程师　　B. 建设单位项目技术负责人

C. 建设单位项目负责人　　D. 监理工程师

二、多项选择题（共 10 题，每题 2 分。每题的备选项中，有 2 个或 2 个以上符合题意，至少有 1 个错项。错选，本题不得分；少选，所选的每个选项得 0.5 分）

21. 焊接检验方法中，属于力学性能试验的有（　　）。

A. 弯曲试验　　B. 外观检验

C. 耐压试验　　D. 冲击试验

E. 硬度试验

22. 关于建筑室内给水管道支吊架安装的说法，正确的有（　　）。

A. 管道支架安装时，应与管道接触紧密，间距合理，固定牢固

B. 管道支架高度距地面为 2.8m

C. 楼层高度小于或等于 5m 每层必须设置不少于 2 个金属立管管道支架

D. 6m 高楼层每层设置不少于 2 个金属立管管道支架

E. 塑料管道与金属支架之间应加衬非金属垫

23. 关于导管施工技术要求的说法，正确的有（　　）。

A. 钢导管采用对口熔焊连接

B. 非镀锌钢导管采用螺纹连接时，连接处的两端应熔焊焊接保护联结导体
C. 明配导管的弯曲半径不宜小于管外径的 4 倍
D. 暗配导管的弯曲半径不应小于管外径的 6 倍
E. 柔性导管的长度在动力工程中不宜大于 1.2m

24. 关于风管系统的安装要点，说法正确的有（　　）。
A. 风管安装就位的程序通常为先上层后下层，先主干管后支管，先立管后水平管
B. 风管与防护套管之间应采用不燃柔性材料封堵
C. 风管穿过需要封闭的墙体时，应设钢板厚度不小于 2.0mm 的预埋管或防护套管
D. 支、吊架不宜设置在风口、阀门、检查门及自控装置处
E. 切断支、吊、托架的型钢及其开螺孔应采用机械加工，或用电气焊切割

25. 电机与减速机联轴器找正时，需测量的参数包括（　　）。
A. 径向间隙
B. 两轴心径向位移
C. 端面间隙
D. 两轴线倾斜
E. 联轴器外径

26. 水平伴热管宜安装在主管的（　　）。
A. 上方一侧
B. 下方一侧
C. 两侧
D. 两侧靠下处
E. 靠近支架的侧面

27. 下列关于变压器装卸、运输与就位的说法，正确的是（　　）。
A. 充干燥气体运输的变压器，油箱内的气体压力应保持在 0.01～0.03MPa
B. 顶盖气体继电器气流方向有 0.5%的坡度
C. 变压器中性点接地回路中，宜做一个可拆卸的连接点
D. 机械牵引变压器时，运输倾斜角不得超过 15°
E. 可使用变压器顶盖上部吊环吊装变压器

28. 转炉炼钢生产的系统包括（　　）。
A. 原料供应系统
B. 吹炼、精炼与出钢系统
C. 供氧系统
D. 吹风系统
E. 烟气净化与煤气回收系统

29. 下列环节中，设备采购合同中应履行的有（　　）。
A. 合同订立
B. 到货检验
C. 缺失处理
D. 安全措施
E. 施工安装

30. 联动试运行前，工程中间交接“三查四定”的内容，不包括（　　）。
A. 查设计漏项
B. 查工程安全隐患
C. 定人员
D. 定时间
E. 定岗位职责

三、实务操作和案例分析题（共4题，每题20分）

（一）

背景资料：

某厂的机电安装工程由A安装公司承包施工，土建工程由B建筑公司承包施工。A安装公司、B建筑公司均按照《建设工程施工合同（承包文本）》与建设单位签订了施工合同。合同约定：A安装公司负责工程设备和材料的采购，合同工期为215天（3月1日到9月30日），工程提前1天奖励2万元，延误1天罚款2万元。合同签订后，A安装公司项目部编制了施工方案、施工进度计划和采购计划等，并经建设单位批准。

合同实施过程中发生如下事件：

事件一：A安装公司项目部进场后，因B建筑公司的原因，土建工程延期10天交付给安装公司项目部，使得A安装公司项目部的开工时间延后了10天。

事件二：因供货厂家原因，订货的不锈钢阀门延期15天送达施工现场。A安装公司项目部对阀门进行了外观检查，阀体完好，开启灵活，准备用于工程管道安装，被监理工程师叫停，要求对不锈钢阀门进行试验。项目部对不锈钢阀门进行了试验，试验全部合格。

事件三：监理工程师发现：A安装公司项目部已经开始压力管道的安装，但未向本市特种设备安全监督管理部门书面告知。监理工程师发布整改指令。项目部进行了整改，并书面告知本市特种安全监督部门。

因以上事件造成工期延误，A安装公司项目部及时向建设单位提出工期索赔，要求增加工期25天。项目部采取了技术措施，施工人员加班加点赶工期，使得机电安装工程在10月4日完成。

该机电安装工程完工后，建设单位在10月5日竣工验收合格。

问题：

1. 送达施工现场的不锈钢阀门应进行哪些试验？写出不锈钢阀门试验介质的要求。

2. 施工单位在压力试验前告知的方式有哪几种？

3. A安装公司项目部应得到工期提前奖励还是工期延误罚款？金额是多少万元？说明理由。

4. 该工程的保修期从何日算起？写出工程保修的工作程序。

（二）

背景资料：

某工程公司采用EPC方式承包一供热站安装工程。工程内容包括换热器、疏水泵、管道、电气及自动化安装等。

工程公司成立采购小组，根据工程施工进度、关键工作和主要设备进场时间采购设备、材料等物资，保证设备材料采购与施工进度合理衔接。

疏水泵联轴器为过盈配合件，施工人员在装配时，将两个半联轴器一起转动，每转90°测量一次，并记录5个位置的径向位移值和位于同一直径两端测点的轴向位移值。

为加强施工现场的安全管理，及时处置突发事件，工程公司升级了“生产安全事故应急救援预案”，并进行了应急预案的培训、演练。

取源部件到货后，工程公司进行取源部件的安装。压力取源部件的取压点选择范围如图2-1所示，温度取源部件在管道上开孔焊接的安装示意图如图2-2所示，在准备系统水压试验时，温度取源部件的安装被监理要求整改。

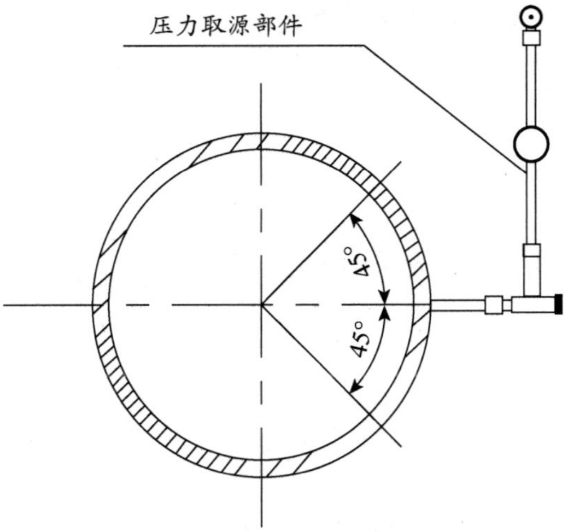

图 2-1　压力取源部件的取压点选择范围示意图

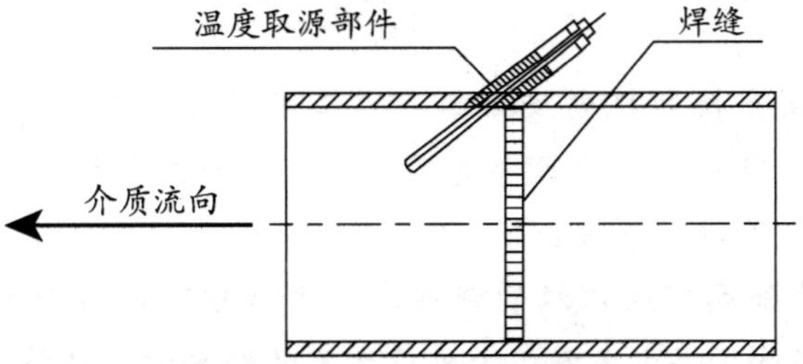

图 2-2　温度取源部件在管道上开孔焊接的安装示意图

问题：

1. 应急预案体系主要由哪几部分组成？

2. 图 2-1 的取压点范围适用何种介质管道？说明温度取源部件安装被监理要求整改的理由。

3. 联轴器装配可以采用哪种过盈装配方式？

4. 为保证项目整体进度，应优先采购哪些设备？

（三）

背景资料：

某安装公司承接某商务楼的机电安装工程，工程主要内容是通风与空调、建筑给水排水、建筑电气和消防等。安装工程项目部进场后，依据合同和设计要求，编制了施工组织设计。在施工过程中，发生了以下事件：

事件一：市政部门告知因市政供水管网规划，运行中可能会产生负压，要求调整供水方式。业主通知设计单位修改了供水方案，由单设水泵的给水方式调整为设水池、水箱和水泵的给水方式（分区供水方式），并要求安装公司重新编制施工组织设计。安装公司对原施工组织设计改动部分重新进行设计，补充编制新增工程部分的施工组织设计，报项目总工程师审批，后下发执行，在施工过程中被监理工程师发现，认为审批手续不符合要求，要求停工整改。

事件二：室外人工接地体施工完成，施工单位自检合格后，通知监理单位进行验收，监理工程师在检查中，发现接地线和接地极安装（图 3-1）不符合规范要求，要求安装公司整改。

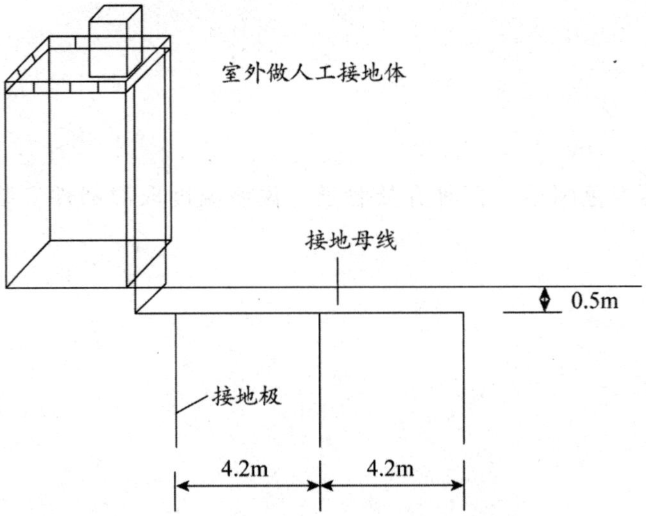

图 3-1　接地线和接地极安装示意图

事件三：安装公司在消防自动喷水灭火系统施工中，在报警阀辅助管道连接后安装了水源控制阀和报警阀，系统安装完成后进行供水管网试压冲洗。试压过程中发现水源控制阀有渗漏，多个报警阀损坏。

事件四：工程竣工验收合格后，建设单位向消防设计审查验收主管部门申请消防验收。

问题：

1. 业主要求安装公司重新编制施工组织设计的做法是否正确？为什么监理工程师认为审批手续不符合要求？应如何整改？

2. 指出图中的室外人工接地体安装不符合要求之处，写出正确做法。

3. 事件三中，水源控制阀渗漏、报警阀损坏的原因是什么？如何改正？

4. 事件四中，建设单位申请消防验收应当提供哪些材料？

（四）

背景资料：

某机电工程公司通过招标承包了一台660MW火电机组安装工程，工程开工前，施工单位向监理工程师提交了工程安装主要施工进度计划（图 4-1，单位：天），满足合同工期的要求并获业主批准。

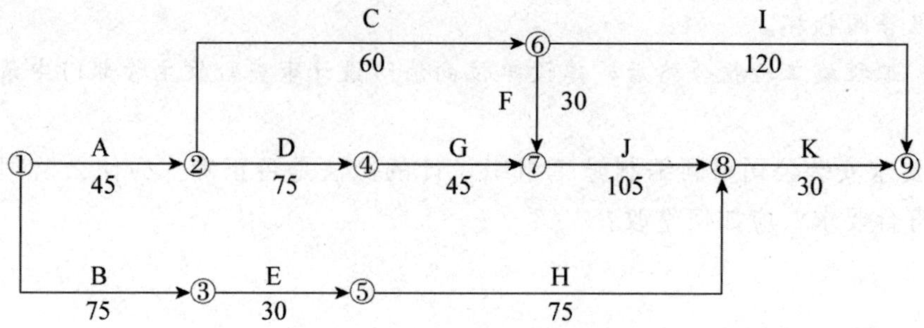

图 4-1　施工进度计划图

在施工进度计划中，因为工作 E 和工作 G 需吊装载荷基本相同，所以租赁了同一台吊车安装，并计划在第 76 天进场。

在锅炉设备搬运过程中，由于叉车故障在搬运途中失控，所运设备受损，返回制造厂维修，工作 B 中断 20 天，监理工程师及时向施工单位发出通知，要求施工单位调整进度计划，以确保工程按合同工期完工。

对此，施工单位提出了调整方案，即将工作 E 调整为在工作 G 完成后开工。在吊车施工前，由施工单位组织编制了吊装专项施工方案，并经审核签字后组织实施。

该工程安装完毕后，施工单位在组织汽轮机单机试运转中发现，在轴系对轮中心找正过程中，轴系联结时的复找存在一定的误差，导致设备运行噪声过大，经再次复找后满足了要求。

问题：

1. 在原计划中，如果先工作 E 后工作 G 组织吊装，塔吊应安排在第几天投入使用可使其不闲置？说明理由。

2. 工作 B 停工 20 天后，施工单位提出的计划调整方案是否可行？说明理由。

3. 吊车专项施工方案在施工前应由哪些人员签字？塔吊选用除考虑吊装载荷参数外，还要考虑哪些基本参数？

4. 汽轮机轴系对轮中心找正除轴系联结时的复找外，还包括哪些找正？

《机电工程管理与实务》
模拟试卷（二）

（考试时间 150 分钟　满分 120 分）

微信扫码，获取配套专属增值服务

电子答题卡

- 开启考试模式
- 记录得分、正确率及排名
- 回看错题解析

一、单项选择题（共 20 题，每题 1 分。每题的备选项中，只有 1 个最符合题意）

1. 下列水管中，不能用于饮用水管的是（　　）。

A. 无规共聚聚丙烯管　　B. 铝塑复合管

C. 丁烯管　　D. 硬聚氯乙烯管

2. 油浸式变压器属于变压器按（　　）进行的分类。

A. 工作原理　　B. 用途

C. 冷却介质　　D. 工作介质

3. 非常规起重机桅杆的使用长度应根据吊装设备、构件的高度确定。桅杆的直线度偏差不应大于长度的（　　）。

A. 1/3　　B. 1/100

C. 1/1 000　　D. 1/1 500

4. 焊接低合金高强钢时，为了减少氧化物夹杂和焊缝含氧量，应采用（　　）作为保护气体。

A. 纯 Ar　　B. 纯 He

C. 纯 N_2　　D. 纯 H_2

5. 下列自动扶梯故障中，必须通过安全触点电路来完成开关断开的是（　　）。

A. 无控制电压　　B. 接地故障

C. 电路过载　　D. 踏板下陷

6. 关于防排烟系统施工要求，下列说法错误的是（　　）。

A. 防火风管的本体、框架与固定材料、密封材料必须为不燃材料，其耐火等级应符合设计要求

B. 排烟防火阀宜设独立支吊架

C. 防排烟系统的柔性短管必须采用不燃材料

D. 排烟防火阀的安装位置、方向应正确，阀门应顺气流方向关闭，防火分区隔墙两侧的防火阀，距墙表面应不大于 150mm

7. 控制相邻设备水平度偏差的方向相反，其目的是（　　）。

A. 保证机组的总偏差在规范允许范围内

B. 保证单体设备的安装精度

C. 避免产生偏差积累

D. 避免和排除影响安装精度的因素

8. 可燃气体检测器的安装位置应根据所测气体的（　　）确定。

A. 数量　　B. 流量　　C. 体积　　D. 密度

9. 下列关于管道金属保护层施工要求的说法，正确的是（　　）。

A. 管道金属保护层的纵向接缝宜布置在水平中心线下方 15°～45°处

B. 管道金属保护层的纵向接缝，当为保冷结构时，应采用自攻螺钉固定

C. 水平支管与垂直主管相交时，垂直主管保护层先施工

D. 管道金属保护层膨胀部位的环向接缝应采用固定接缝

10. 关于大型金属储罐内挂脚手架正装法施工的要求，正确的是（　　）。

A. 在储罐壁板内侧挂设移动脚手架

B. 脚手架随储罐壁板升高逐层搭设

C. 一台储罐施工宜用 2 至 3 层作业平台

D. 储罐的脚手架从上到下交替使用

11. 高炉风口安装过程中，大套与中套的密合面间用（　　）的塞尺检查。

A. 0.1mm　　B. 0.2mm

C. 0.3mm　　D. 0.5mm

12. 关于施工计量器具使用的管理规定，正确的是（　　）。

A. 非强制检定计量器具的检定周期，企业无权自行确定

B. 非强制检定，不必检定

C. 用于贸易结算、安全防护、医疗卫生、环境监测等方面的列入计量器具强制检定目录的工作计量器具必须强制检定

D. 社会公用计量标准器具属于非强制检定的范围

13. 施工现场临时用电工程的定期检查复测时应测（　　）。

A. 对地绝缘值　　B. 接地电流值

C. 对地放电值　　D. 接地电阻值

14. 特种设备制造、安装、改造、修理单位应当具备的条件不包括（　　）。

A. 具有特种设备运输资质

B. 具有与许可范围相适应的人员

C. 建立并且有效实施与许可范围相适应的质量保证体系

D. 具备保障特种设备安全性能的技术能力

15. 根据《火灾自动报警系统施工及验收标准》（GB 50166—2019），各类管路明敷时，应采用单独卡具固定，吊杆直径不应小于（　　）。

A. 5mm　　B. 6mm

C. 8mm　　D. 10mm

16. 为保证合同的顺利履行，在工程实施过程中对合同控制的内容不包括（　　）。

A. 合同交底　　B. 实施监督

C. 跟踪与调整　　D. 变更管理

17. 施工质量事故报告程序中，单位负责人接到报告后，应当于（　　）小时内向有关部门报告。

A. 1　　B. 2

C. 7　　D. 24

18. 下列文件中，不属于施工技术交底依据的是（　　）。

A. 施工合同　　B. 项目质量策划

C. 工程设计文件　　D. 施工工艺及质量标准

19. 下列绿色施工环境保护措施中，属于建筑垃圾控制的是（　　）。

A. 制订建筑垃圾减量化计划　　B. 施工现场出口设置洗车槽

C. 防腐保温材料要妥善保管　　D. 施工后恢复被破坏的植被

20. 根据《建设工程质量管理条例》，建设工程在正常使用条件下，关于最低保修期限要求的说法，错误的是（　　）。

A. 设备安装工程保修期为 2 年　　B. 电气管线安装工程保修期为 1 年

C. 供热系统保修期为 2 个供暖期　　D. 供冷系统保修期为 2 个供冷期

二、多项选择题（共 10 题，每题 2 分。每题的备选项中，有 2 个或 2 个以上符合题意，至少有 1 个错项。错选，本题不得分；少选，所选的每个选项得 0.5 分）

21. 激光平面仪主要适用于（　　）等。

A. 滑模平台提升　　B. 电梯烟囱倾斜观测

C. 网形屋架水平控制　　D. 大面积混凝土楼板支模

E. 地下管道施工

22. 下列关于建筑管道安装的说法中，正确的有（　　）。

A. 管道安装应遵循的原则有先主管后支管、先上部后下部、先里后外

B. 汽、水逆向流动的热水供暖管道安装时，坡度应为 3%，不得小于 2%

C. 高层和超高层建筑的重力流雨水管道系统采用塑料管

D. 排水通气管应高出屋面 300mm，且大于最大积雪厚度

E. 排水塑料横干管穿越防火分区隔墙时，管道穿越墙体的两侧应设置防火圈或长度≥500mm的防火套管

23. 下列照明灯具的安装技术中，正确的有（　　）。

A. 在混凝土楼板结构上使用塑料塞固定灯具

B. 20kg 灯具的悬吊装置按灯具重量的 3 倍做强度试验

C. 引向单个灯具的绝缘铜芯导线的线芯截面积应不小于 $1mm^2$

D. 6kg 的吊灯，可用螺栓固定

E. I 类灯具外露可导电部分必须用铜芯软导线与保护导体可靠连接

24. 下列有关风管的检验与试验，说法正确的有（　　）。

A. 风管批量制作前，应进行风管强度与严密性试验

B. 低压风管强度试验压力为 1.5 倍的工作压力

C. 风管安装完成后，需要对主风管分段进行严密性试验

D. 高压风管强度试验压力为 1.15 倍的工作压力

E. 排烟系统风管的严密性试验应符合高压风管要求

25. 关于建筑设备监控系统调试检测的要求，正确的有（　　）。

A. 空调的监测参数应按总数的 10%抽检，且不应少于 5 台

B. 各类传感器应按 10%抽检，且不应少于 5 个

C. 公共照明按照明回路总数的 10%抽检，且不应少于 5 路

D. 给水监控系统应抽检 50%，且不得少于 5 套

E. 排水监控系统应抽检 50%，且不得少于 5 套

26. 滑动轴承装配时，重点检查滑动轴承的（　　）。

A. 侧间隙　　B. 材质

C. 顶间隙　　D. 承压角

E. 轴肩间隙

27. 关于工业管道系统压力试验的说法，正确的有（　　）。

A. 脆性材料管道严禁进行气压试验　　B. 在热处理前完成管道压力试验

C. 试验合格后应及时填写试验记录　　D. 压力试验宜采用液体作为试验介质

E. 严禁在金属脆性转变温度下试验

28. 成套配电设备的安装要求包括（　　）。

A. 手车式柜体的基础型钢露出地面高度宜为 10mm

B. 基础型钢框架的两端与接地干线焊接牢固

C. 柜体间及柜体与基础型钢焊接牢固

D. 二次回路连接插件应接触良好并有锁紧措施

E. 手车单元推进时主触头比接地触头先接触

29. 关于工业小型汽轮机安装技术要点的说法，正确的有（　　）。

A. 转子安装可以分为转子吊装、转子测量和转子、汽缸找中心

B. 低压缸排汽口与凝汽器采用刚性中间连接段

C. 凝汽器组装完成后，汽侧进行灌水试验

D. 低压缸组合时汽缸找中心的基准可以用激光、拉钢丝、假轴、转子，目前多采用拉钢丝法

E. 试扣前应用蒸汽吹扫汽缸内各部件

30. 下列选项中，属于施工进度控制措施中的合同措施的有（　　）。

A. 建立机电工程图纸会审、工程变更和设计变更管理制度

B. 加强索赔管理，公正地处理索赔

C. 施工中及时办理工程预付款及工程进度款支付手续

D. 协调合同工期与进度计划之间的关系，保证进度目标的实现

E. 施工前应加强图纸审查，严格控制随意变更

三、实务操作和案例分析题（共4题，每题20分）

（一）

背景资料：

某安装公司承包2×200MW火力发电厂1#机组的全部机电安装工程，工程主要包括锅炉、汽轮发电机组、油浸式电力变压器、110kV交联电力电缆、化学水系统、输煤系统、电除尘装置等安装。

安装公司项目部进场后，编制了施工组织总设计，制定项目考核成本。施工组织设计的主要内容有工程概况、施工部署、主要施工方案等。施工方案有油浸式电力变压器施工方案、电力电缆敷设方案、电力电缆交接试验方案等。油浸式电力变压器施工方案中的施工程序只有开箱检查、二次搬运、设备就位、吊芯检查。

安装公司项目部重视施工技术交底工作，在各工程开工前，技术员对施工人员进行了施工技术交底。在油浸式电力变压器安装时，由于变压器附件到货晚，整体工期滞后，安装公司项目部协调5名施工人员到该项目支援工作，作业班长考虑到他们比较熟悉变压器安装项目，经验丰富，未通知技术人员进行交底，立即进行变压器的安装工作。

10kV电力电缆交接试验时，电气试验人员按照施工方案与电气设备交接试验规范要求，对110kV电力电缆进行了电缆绝缘电阻测量和交流耐压试验。

问题：

1. 本项目施工组织总设计的主要内容还应有哪些？

2. 油浸式电力变压器施工程序中还缺少哪些工序？

3. 作业班长的做法是否正确，说明理由并写出施工技术交底的类型。

4. 110kV 电力电缆交接试验时，还缺少哪几个试验项目？

（二）

背景资料：

某机电公司承建某市新建一座油库的机电安装工程任务。工程内容包括 3 000m^3、5 000m^3 的储油罐各四台，卸油站一座及输油管网工程等。合同工期为 270 天，土建工程已全部完工。

该公司项目部根据劳动力资源和施工机具的条件（主要是电焊工和焊机），优先安排储油罐制作安装，待完成后，再进行输油管网施工。储油罐安装采取液压顶升倒装法，焊前进行了焊接工艺评定。项目部制订的网络进度计划如图 2-1 所示。

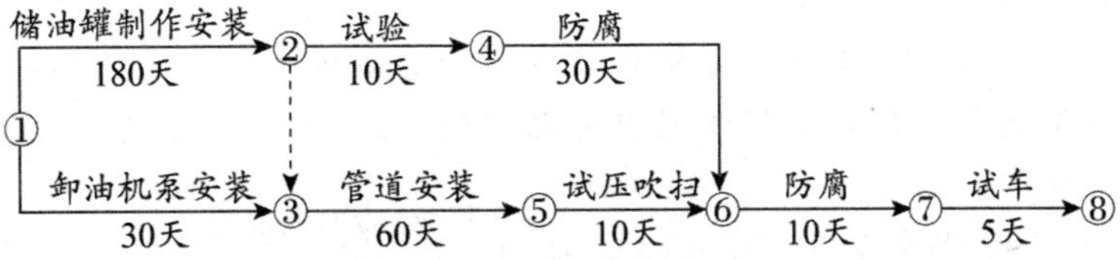

图 2-1 网络进度计划

在施工过程中，由于气候条件影响，储油罐制作安装延期 20 天。为确保工期，项目部对原网络进度计划进行及时调整。

问题：

1. 本工程应编制哪几种主要的施工方案？

2. 用节点编号表示上述网络计划的关键线路，计划总工期为多少天？

3. 储油罐的检验试验有哪些要求？

4. 原计划中卸油机泵安装的总时差有多少天？为确保工期，项目部采用压缩管道安装15天的方式，是否会影响合同正常履行？

（三）

背景资料：

某安装公司承包大型制药厂的机电安装工程，工程内容包含设备、管道和通风空调等工程安装。安装公司在施工前，确定了内部协调的部门，主要有工程管理部门、质量与安全监督部门、技术部门、经营管理部门。

不锈钢管道系统安装后，施工人员用洁净水（氯离子含量小于25ppm）对管道系统进行试压（图3-1），该段管道设计压力为0.2MPa。施工人员准备将管道分为两部分进行试压：第一部分进行地上管道试压；第二部分进行埋地管道试压。监理工程师认为图中地上管道压力试验条件不符合规范规定，要求整改。

在工厂的运行中，检查人员发现储罐与管道的法兰连接处有渗水现象，查明原因后，施工单位按照保修条例进行修理，后续使用中再无问题。

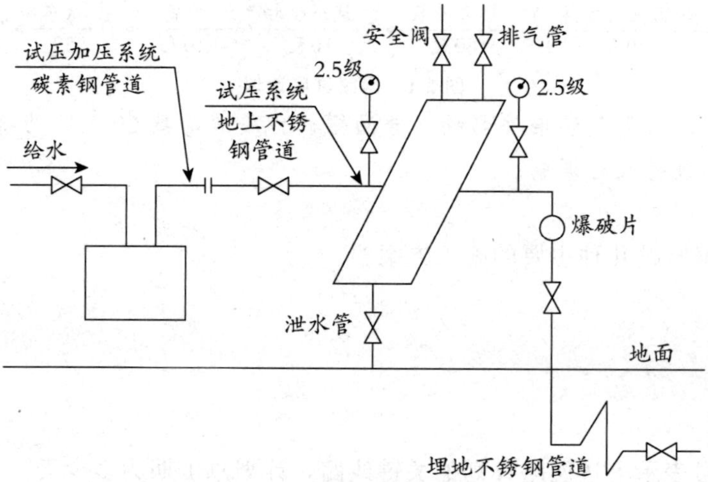

图3-1　管道试压示意图

问题：

1. 安装公司确定的内部协调部门是否全面？如不全面，请补充。

2. 图 3-1 中的水压试验有哪些不符合规范规定？写出正确的做法。

3. 背景中的工艺管道系统的试验压力应该为多少？说明理由。试验应如何进行？

4. 法兰处渗水有可能是哪些原因导致的？

(四)

背景资料：

某演艺集团公司投资建设一百戏楼，占地约 60 亩，总建筑面积约 40 792m^2。主要建设内容为 1 320 座专业杂技剧场，546 座地方戏小剧场，43 座综合性小剧场，排练、管理等配套附属用房以及地下车库、人防、设备用房等。地上 5 层（小剧场地上 4 层），地下 1 层（局部 3 层），其中，花篮部位（钢结构）的跨度最大为 44.33m。项目总投资为 32 亿元，其中，消防工程为 960 万元。演艺集团公司通过公共资源交易电子服务系统进行招标，A 建筑公司通过电子投标最终中标总承包，B 机电公司中标消防工程。

施工过程中，A 建筑公司把花篮部位分包给 C 公司，C 公司编制了施工方案，经过A 公司项目技术负责人签字后开始安装，但被监理工程师制止。

B 公司在地下主体结构完工后立即进场施工，施工过程中，通风班组为了节省材料，没有按照设计路线施工，致使一排烟风管挡住了消火栓供水支管路线，引起水班组不满，项目经理让通风班组在风管开孔，使水管从风管内部穿过，用密封胶封堵，如图 4-1 所示。质检员在巡视过程中发现风管的施工质量不符合规范要求，通知施工作业人员整改。

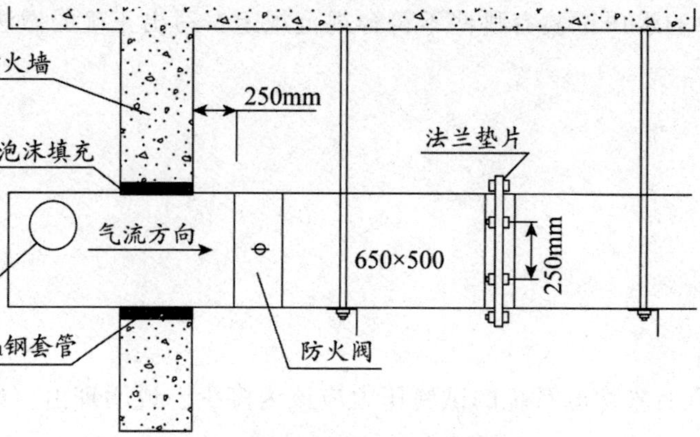

图 4-1　防火墙与消防水管连接示意图

空调供水管及开式冷却水系统施工完成后，项目部进行了强度和严密性试验，施工图中注明空调供水管的工作压力为 1.2MPa，开式冷却水系统供水压力为 0.9MPa。工程整体施工完毕后，演艺集团公司项目部向当地住房和城乡建设主管部门申请消防验收。

问题：

1. 电子招标投标系统根据功能的不同分为哪几个平台？

2. 监理单位制止 C 公司的花篮工程施工是否合理，说明理由。

3. 指出图 4-1 的错误之处，并说明理由。

4. 计算空调供水管和开式冷却水管道的试验压力，试验压力最低不应小于多少？

《机电工程管理与实务》
模拟试卷（三）

（考试时间 150 分钟　满分 120 分）

一、单项选择题（共 20 题，每题 1 分。每题的备选项中，只有 1 个最符合题意）

1. 下列属于机电工程常用的绝热材料是（　　）。

A. 涂料　　B. 聚氨酯复合板材

C. 膨胀珍珠岩　　D. 石棉水泥板

2. 下列关于电动机干燥处理的说法中，错误的是（　　）。

A. 1kV 电动机使用 500V 兆欧表，绝缘电阻值低于 1MΩ/kV 的电动机必须进行干燥处理

B. 电动机的干燥处理可采用外部加热干燥法或电流加热干燥法

C. 电动机干燥时不允许用酒精温度计测量温度，应用电阻温度计

D. 当电动机绝缘电阻达到规范要求，在同一温度下经 5h 稳定不变后认定干燥完毕

3. 下列关于水准测量法的技术要求，不符合规定的是（　　）。

A. 最好使用两个水准点作为高程起算点　　B. 各等级的水准点，应埋设水准标石

C. 一个测区及其周围至少应有 3 个水准点　　D. 水准观测应在标石埋设稳定后进行

4. 关于焊接工艺评定的说法，正确的是（　　）。

A. 用于验证施焊单位拟定焊接工艺的正确性

B. 直接用于指导生产

C. 同一焊接工艺评定只能作为一份焊接工艺指导书的依据

D. 焊接工艺评定可在其他单位进行

5. 在建筑管道中，薄壁不锈钢管道应采用（　　）。

A. 焊接连接　　B. 沟槽连接

C. 法兰连接　　D. 卡压连接

6. 关于建筑智能化系统调试检测的说法，正确的是（　　）。

A. 系统检测程序应是：分部工程→子分部工程→分项工程

B. 建筑智能化系统调试工作由项目专业技术负责人主持

C. 系统试运行工作应在智能化系统检测完成后进行

D. 系统检测汇总记录应由监理工程师填写并做出检测结论

7. 电梯上、下极限开关的位置在井道顶层和底层，一般安装在导轨端，动作距离为（　　）。

A. 0～50mm　　B. 50～100mm

C. 100～150mm　　D. 150～200mm

8. 下列建筑总面积在1 000～2 000m² 的建筑场所，应申请消防验收的是（　　）。

A. 博物馆的展示厅　　B. 大学的食堂

C. 中学的教学楼　　D. 医院的门诊楼

9. 关于流量取源部件的安装，下列说法不正确的是（　　）。

A. 采用均压环取压时，取压孔应在同一截面上均匀设置

B. 节流装置在水平管道上测量气体流量时，取压口应在管道的上半部

C. 在上、下游直管段的最小长度范围内，不得设置其他取源部件或检测元件

D. 节流装置在水平和倾斜的管道上测量气体流量时，取压口应在管道的上半部与管道水平中心线成0°～45°夹角的范围内

10. 下列硬质绝热制品的捆扎方法中，正确的是（　　）。

A. 振动部位加强捆扎　　B. 多层一次捆扎固定

C. 每块捆扎至少一道　　D. 应采用螺旋式缠绕捆扎

11. 关于钢构件组装和钢结构安装要求，下列说法正确的是（　　）。

A. 吊车梁和吊车桁架安装就位后不应下挠

B. 多节柱安装时，每节柱的定位轴线应从下层柱的轴线引上

C. 钢网架结构的挠度值不应超过相应设计值的1.5倍

D. 厚涂型防火涂料的最薄处厚度不应低于设计要求的80%

12. 圆形炉墙砌筑时，重缝不得超过（　　）层（环）。

A. 2　　B. 3　　C. 4　　D. 5

13. 关于项目部计量器具的管理，说法正确的是（　　）。

A. 检测器具应采用相同的防护措施混合存放

B. 封存的计量器具办理启用手续后无须检定

C. 对检定标识不清的计量器具应视为不合格

D. 使用中的钢卷尺，如尺带扭曲可继续使用

14. 下列情况中，无须到供电部门办理用电手续的是（　　）。

A. 增加用电容量　　B. 变更用电

C. 增设一级配电　　D. 新装用电

15. 关于电梯制造单位责任的说法，正确的是（　　）。

A. 拒绝参与调试　　B. 对电梯的安全性能负责

C. 有偿提供安全指导　　D. 不必负责电梯的校验

16. 根据《通风与空调工程施工质量验收规范》（GB 50243—2016），风机盘管机组进场复验内容不包括（　　）。

A. 供冷量　　B. 风量

C. 单位散热量　　D. 水阻力

17. 下列质量控制点，必须由施工、监理、业主三方质检人员共同检查确认并签证的是（　　）。

A. A 级　　B. B 级

C. C 级　　D. D 级

18. 降低机电工程项目成本的合同措施不包括（　　）。

A. 建立成本管理责任体系　　B. 选择适当的合同模式

C. 必要的合同风险防控对策　　D. 全过程的合同控制

19. 下列关于特种作业人员的说法中，错误的是（　　）。

A. 特种作业人员指从事特种设备作业的人员及其相关管理人员

B. 建筑起重机械司机和建筑起重机械安装拆卸工属于特种作业人员

C. 特种作业人员必须取得建筑施工特种作业人员操作资格证书后方可上岗作业

D. 离开特种作业岗位 6 个月以上的应重新进行实际操作考试，经确认合格后方可上岗作业

20. 安装工程费的动态控制不包括（　　）。

A. 人工成本的控制　　C. 工程设备成本的控制

B. 材料成本的控制　　D. 措施项目费的控制

二、多项选择题（共 10 题，每题 2 分。每题的备选项中，有 2 个或 2 个以上符合题意，至少有 1 个错项。错选，本题不得分；少选，所选的每个选项得 0.5 分）

21. 起重机选用的基本参数包括（　　）。

A. 吊装载荷　　B. 计算载荷

C. 臂长　　D. 额定起重量

E. 设备重量

22. 下列关于母线槽施工的说法，正确的有（　　）。

A. 重力不小于 130N/m 的母线槽应进行抗震设防，设置抗震支架

B. 多根母线槽并列水平或垂直敷设时，各相邻母线槽间应预留维护、检修距离

C. 室内配电母线槽的圆钢吊架直径不得小于 6mm

D. 室内照明母线槽的圆钢吊架直径不得小于 6mm

E. 母线槽安装完毕后，应对穿越防火墙和楼板的孔洞进行防火封堵

23. 关于通风与空调系统进行试运行与调试的说法，正确的有（　　）。

A. 设备单机试运行前进行口头完全技术交底

B. 通风系统的连续试运行应不少于 2h

C. 空调系统带冷（热）源的连续试运行应不少于 8h

D. 系统总风量调试结果与设计风量的允许偏差不应大于 10%

E. 空调冷（热）水系统总流量与设计流量的偏差不应大于 10%

24. 关于地脚螺栓的安装，下列说法不正确的有（　　）。

A. 固定地脚螺栓用于固定工作时有强烈振动和冲击的重型设备

B. 活动地脚螺栓用来固定没有强烈振动和冲击的设备

C. 胀锚地脚螺栓中心到基础边缘的距离不小于7倍胀锚地脚螺栓直径

D. 钻孔直径和深度与胀锚地脚螺栓相匹配

E. 安装胀锚地脚螺栓的基础强度不得小于12MPa

25. 关于管道吹扫与清洗，说法正确的有（　　）。

A. 公称直径大于或等于600mm的液体或气体管道，宜采用人工清理

B. 非热力管道不得采用蒸汽吹扫

C. 吹扫与清洗的顺序应按疏排管、支管、主管依次进行

D. 水冲洗流速不得低于20m/s，冲洗压力不得超过管道的设计压力

E. 蒸汽管道吹扫前，管道系统的绝热工程应已完成

26. 电动机干燥时，可用（　　）测量温度。

A. 水银温度计　　B. 酒精温度计

C. 电阻温度计　　D. 气体温度计

E. 温差热电偶

27. 光伏组件之间的接线在组串后应进行光伏组件串的（　　）测试，施工时严禁接触组串的金属带电部位。

A. 开路电压　　B. 开路电流

C. 短路电流　　D. 短路电压

E. 绝缘电阻

28. 项目施工过程中，索赔的原因可能有（　　）。

A. 不可抗力因素　　B. 合同当事方违约

C. 施工方赶工期　　D. 合同条文问题

E. 施工质量问题

29. 施工技术文件内容包括（　　）。

A. 工程技术文件报审表

B. 施工组织设计及施工方案

C. 竣工总结文件

D. 危险性较大的分部分项工程施工方案

E. 图纸会审记录

30. 内部协调管理的形式有（　　）。

A. 例行的管理协调会　　B. 建立协调调度室

C. 项目总监的指示　　D. 项目经理的指令

E. 建设单位的要求

三、实务操作和案例分析题（共4题，每题20分）

（一）

背景资料：

A公司中标某工业改建工程，合同内容包含厂区所有的设备、工艺管线安装等施工总承包。A公司进场后，根据工程特点，对工程合同进行分析管理，将其中亏损风险较大的部分

埋地工艺管道（设计压力 0.2MPa）施工分包给具有资质的 B 公司。

A 公司对 B 公司进行合同交底后，A 公司派出代表对 B 公司从施工准备、进场施工、工序交验、工程保修及技术方面进行了管理。

B 公司进场后，由于建设单位无法提供原厂区埋地管线图，B 公司在施工时挖断供水管道，造成 A 公司 65 万元材料浸水无法使用，造成机械停滞总费用 43 万元，每天人员窝工费用 4.8 万元，工期延误 25 天。B 公司产生机械停滞费 18 万元。管沟开挖完成后，当地发生疫情，导致所有员工被集中隔离，产生总隔离费用 54 万元。为此，A 公司向建设单位提交了工期及费用索赔文件。

B 公司在埋地钢管施工完成后，编制了该部分的液压清洗方案，方案因工艺管道的埋地部分设计未明确试验压力，拟采用 0.3MPa 的试验压力进行试验，管道油清洗后采取保护措施，该方案被 A 公司否定。

问题：

1. A 公司还应从哪些方面对 B 公司进行全过程管理？

2. 计算 A 公司可索赔的费用。

3. 索赔成立的前提条件是什么？

4. 该工程的埋地管道试验压力应为多少？对清洗合格的管道应采取哪种保护措施？

（二）

背景资料：

某系统工程公司项目部承包某大楼空调设备的智能监控系统的安装调试。监控设备、材料有直接数字控制器、电动调节阀、电动风阀、电磁流量计、各类传感器（温度、压力、流量）及各种规格线缆（双绞线、同轴电缆）。合同约定：设备、材料为进口产品，并确定了产品的品牌、产地、供货渠道、供货周期以及相关技术要求，由外商代理负责供货，并为设备及运输购买保险。

系统工程公司项目部进场后，大楼空调工程承包商及时提供了空调工程的施工进度计划、空调设备的安装位置及通信接口，并配合监控设备的安装调试。系统工程公司项目部依据空调工程的施工进度计划和监控设备、材料的到货日期，编制了监控设备的施工方案和施工进度计划。

监控设备安装调试中，发生了以下事件：

事件一：监控设备、材料在开箱验收及送检后，有一批次的电动风阀的技术参数经检测不达标，系统工程公司项目部对不合格的电动风阀进行相应处理。

事件二：监控设备（进口）的安装中，施工作业人员对监控设备安装方法的质量标准掌握不够稳定，造成部分风门驱动器、传感器安装质量不合格（偏差过大）。项目部及时对作业人员进行施工技术交底，返工后验收合格。

事件三：系统工程公司提交某管段的电磁流量计安装示意图（图 2-1，管径为 100mm），遭到了监理工程师的制止，要求施工单位改正后实施。空调设备监控系统按合同要求完工，交付使用。

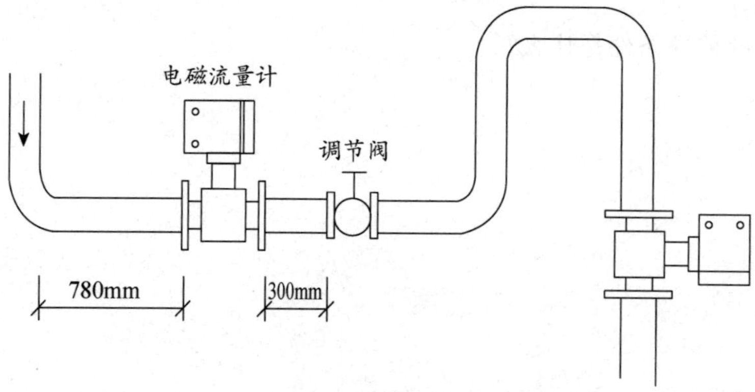

图 2-1　某管段的电磁流量计安装示意图

问题：

1. 选择监控设备产品还应考虑哪些技术要求？

2. 事件一中，验收不合格的电动风阀应如何处理？电动风阀安装前应检查哪些参数？

3. 事件二中，施工技术交底的层次、阶段及交底形式应根据工程的哪些特点来确定？应在何时完成施工技术交底？

4. 针对事件三，指出图中的错误之处，并说明理由。

(三)

背景资料：

A公司承接某商业园区的变配电工程，工程内容有变电机房、供电线路、室内电气。建设单位负责采购主要设备（三相变压器、开关柜），目前设备已运抵施工现场，其他设备材料由A公司自行采购。A公司为此组建了项目部，配备了管理人员，制定了相关的管理制度，编制了进度计划，进度计划采用横道图。

事件一：电动机干燥时测定并记录绕组的绝缘电阻、干燥电源的电压和电流，监理工程师认为测定参数不符合要求。

事件二：铠装电缆采用直埋形式，示意图如图 3-1 所示（单位：mm），监理单位认为有错误，要求改正。

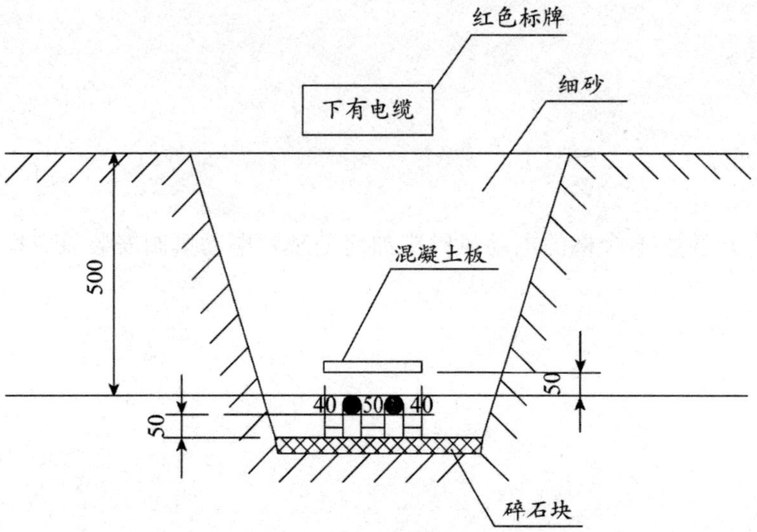

图 3-1　直埋电缆的示意图

事件三：电力电缆采用机械牵引，电缆从电缆盘下端引出，牵引机设定速度是 15m/min，电缆施工前，施工单位进行了交接试验，交接试验内容仅检查了测量电缆的直流电阻和绝缘电阻，监理单位发现施工单位电缆表皮有摩擦拖动的痕迹，要求施工单位增加交接试验内容。因商务园区供电需要，建设单位要求变电站提前单独验收，A 公司整理变电所工程验收资料，及时办理了验收手续。

问题：

1. 除了横道图，进度计划还有哪些表示方法？写出本工程采用横道图的优点。

2. 事件一中，电动机干燥时还需要测定哪些参数？

3. 事件二中，直埋电缆的示意图中有哪些错误？如何改正？

4. 事件三中，电缆表皮有拖动摩擦痕迹最有可能的原因是什么？电力电缆的交接试验内容还应增加哪些？

（四）

背景资料：

某居民小区招标水暖工程，内容包含给排水安装和采暖通风空调工程、水暖管线三个部分，工期是 180 天，不接受联合体投标。本工程采用电子招标方式招标。后 A 公司中标，中标金额 1 080 万。为了管控成本和质量，A 公司组建了项目部，制订了施工方案和进度计划。在施工过程中，发生下列事件：

事件一：为了保证施工进度计划，风管均由风管厂商定制加工，但部分型号的风管进场时未发现有产品合格证书，监理单位要求对缺少合格证的风管进行现场复验。

事件二：风机盘管和绝热材料进场报验时，监理单位发现仅有厂家出具的合格证和质量保证书，监理单位认为资料不符合要求，风机盘管和绝热材料应有复检资料，要求施工单位尽快复检。

事件三：排水管道安装完毕后，施工单位进行了通水试验，发现排水不畅，经检查，房顶的通气管高出平屋顶顶面均为 0.2m，其中一个孔口被堵住，此外，排水管和通气管的连接如图 4-1 所示。针对以上情况，施工单位很快做出了整改。

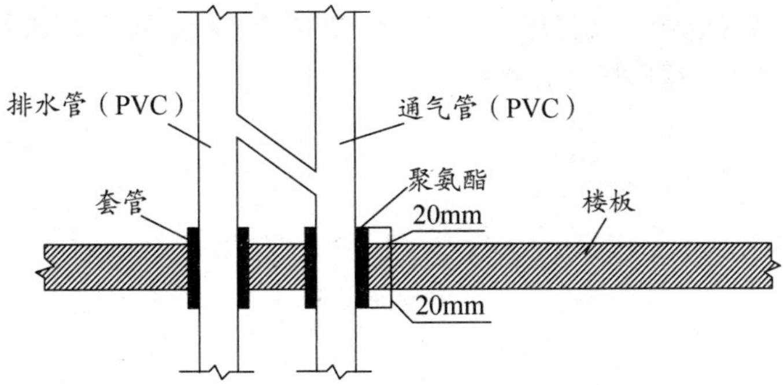

图 4-1　排水管和通气管的连接示意图

事件四：空调水系统管道安装完毕后，需进行强度试验和严密性试验，施工单位在分区域、分段的水压试验之后进行整个管道的系统水压试验，金属管道的设计压力为1.3MPa，塑料管道设计压力为0.9MPa。

问题：

1. 写出风管安装就位的程序。现场未有合格证的，应进行什么复验？

2. 事件二中，风机盘管和绝热材料进场，应进行哪些参数的复检？如何复检？

3. 事件三中，有哪些错误？如何改正？

4. 事件四中，钢管道强度试验压力为多少？塑料管道的强度和严密性试验压力为多少？凝结水管应做什么试验？写出试验合格标准。